麻辣食品生产技术与配方

斯 波 著

中国纺织出版社　国家一级出版社
全国百佳图书出版单位

内 容 提 要

本书主要介绍了麻辣食品产业转型、麻辣食品企业发展现状与趋势、麻辣食品加工技术等内容,深度剖析麻辣食品产业现状,并立足调味需求、总结调味精髓、创新调味技巧,利用原材料和香辛料的互补调味优势融入调味新技术,给出 450 多种具体的麻辣食品配方。

本书可供麻辣食品企业以及创业者阅读和参考,对调味品人有重要的指导意义。

图书在版编目(CIP)数据

麻辣食品生产技术与配方 / 斯波著. -- 北京:中国纺织出版社,2018.6(2024.4重印)

ISBN 978 - 7 - 5180 - 4770 - 3

Ⅰ.①麻… Ⅱ.①斯… Ⅲ.①食品加工—基本知识 Ⅳ.①TS205

中国版本图书馆 CIP 数据核字(2018)第 042496 号

责任编辑:国 帅 闫 婷　　责任设计:品欣排版
责任印制:王艳丽　　　　　责任校对:陈 红

中国纺织出版社出版发行
地址:北京市朝阳区百子湾东里 A407 号楼　邮政编码:100124
销售电话:010— 67004422　传真:010— 87155801
http://www.c-textilep.com
E-mail:faxing@c-textilep.com
中国纺织出版社天猫旗舰店
官方微博 http://weibo.com/2119887771
北京虎彩文化传播有限公司印刷　各地新华书店经销
2018 年 6 月第 1 版　2024 年 4 月第 7 次印刷
开本:710×1000　1/16　印张:20.25
字数:339 千字　定价:68.00 元

前　言

　　作者通过整理亲身实践所获得的经验编写了《麻辣食品生产技术与配方》一书，多年来，作者在一线为企业服务，亲历众多经典案例，作者将这些案例的内容整理成书，图书内容实用高效，能够引导麻辣食品市场需求趋势的变化，本书不仅可以作为从业者的技术指导，还将是麻辣食品未来趋势的引领者。

　　根据消费情况的研究分析，麻辣食品是未来富有挑战性和市场活力的一类食品。书中就如何做好麻辣食品调味给出了足够多的例子和配方，充分考虑到消费者的需求体验，实现了新资源的立体化，给出实际操作教学，适合新时代的需求，受到众多食品人的关注和期待，书中的实践应用相信不会让读者失望。

　　人们的美好饮食生活离不开麻辣食品，编写此书可引导麻辣食品的升级换代、与时俱进以及高效价值转移，这正是我们消费的需求，也是人们生活水平提高的体现。本书立足调味需求、总结调味精髓、创新调味技巧，并融入了调味新技术的实现，如麻辣食品中可直接食用辣椒和花椒，带来了新兴的品牌价值和体验享受，也为越来越多的麻辣食品带来了新消费。根据消费需求，将香辛料的使用充分发挥到极致的技术也在书中得到体现，从单一的产品使用到上千种单品，完全符合原创的价值呈现，得到了专家学者的认可，也体现出企业的价值。本书中涉及的麻辣食品服务过大大小小的企业，20多年来被一些企业称为市场竞争的法宝，其优势就是安全、健康、科学、规范、合理、合法、合规、成本低、效果好、通用性强。在物料使用方面，本书中的原材料和香辛料互补调味优势明显，例如某些鸡肉类的调味完全体现鸡肉和香辛料的组合。在传统调味复合化方面，根据消费的历史，做出了独特的工艺和配方，突出了新的调味突破，也是调味的未来发展趋势和亮点。新的调味技术在书中也多有涉足，尤其是回味和厚味得到消费认可的调味，既做到了低成本，又做到了口味经典易普及，不仅可支持调味专家发展，也可给调味入门者使用，带来了更多新的调味价值。

　　麻辣调味一直以来是调味人关注的方面之一，本书对调味人具有重要的启示和指导意义。由于作者水平有限，本书还有很多不足之处，有待于完善和改进，衷心希望各位同行和读者提出宝贵意见和建议，在调味品的广大平台上，期待有更多志同道合的人们一起共建、共享、共赢！

斯波

2018 年 3 月 9 日于成都

目　录

第一章　消费升级促进麻辣食品产业转型

第一节　麻辣食品的现状和发展趋势

一、麻辣食品的现状

1.现状堪忧

目前,大部分麻辣食品企业仍沿用传统的销售模式,缺少发展的眼光、固守陈旧的消费模式使得大多数的食品企业逐渐萎缩,前景堪忧。例如天津的锅巴食品产业,一直使用低价值销售模式,毫无优势可言;广东地区也有一些麻辣食品产业过于依赖传统的销售模式,发展困难。缺乏消费引导,过于依赖经销商引导,没有产品自主定价权,在其他人身后亦步亦趋,马首是瞻,浪费了大量的人力、物力、财力。

麻辣食品产业的产品毫无特色,没有创新,缺乏生产和深加工技术支持,例如河南洛阳的膨化食品低端粗糙,利润低下,可持续发展困难。发展麻辣食品的重点不是其能卖多少钱,而是麻辣食品能不能让消费者重复消费。近段时间,已有部分地区的麻辣食品厂商意识到了这些问题,立足于把握消费者重复消费,从高端消费中寻找突破点,使企业潜力不断释放。

从以上两个方面可知,麻辣食品产业现状堪忧,如果不积极解决以上问题,麻辣食品企业则会大幅度萎缩,艰难维持生存,长期发展更是困难。

2.如何面对

麻辣食品产业现状堪忧,如何解决问题,走出困境,需要从以下几个方面来努力。

（1）合理化经营。减少过去找产品、要赞助等花样百出的支持费用,寻找最佳合作伙伴,运用大数据等新方法实现共赢;单一产品的时代已经过去,现在的产品需要多方面的结合,生产出多元化、碎片化的产品;产品生产要集中到每一个点,不断优化产品,生产出对的产品,产生"消费回头"现象。

（2）坚持独创。麻辣食品产业的发展需要品质升级,不断优化创新产品生产技术,生产出更优质的产品,坚持产品独创,增加企业竞争力,给消费者更多的选择,给自己更多的机会。

改进消费模式。利用当下资源整合自己的特色,将产品价值无限放大;联合多家企业,集众家之长,促进产业发展;以消费者为中心,使研发成果与消费者需求相契合,尽力实现消费者的需求。

(3)高效服务。整合现有资源,降低进购、运输、员工工资、流通、销售等资源成本,实现麻辣食品产业高效发服务;依靠社会力量整合产业,促进消费;将企业做成行业标杆,脚踏实地,促进麻辣食品产业长远发展;杜绝盲目低价。同质化现象,实实在在根据消费者需要来做麻辣食品,持久坚持小众化服务;将麻辣食品打造成一流的技术集体化产业,实现消费"八小时化",提高麻辣食品产业的服务效率。

(4)立足现实促消费。立足于消费现实,实现麻辣食品产业个性化、专业化的销售模式,促进重复消费。

在处于现状困难、创新无助、模仿无门的今天,麻辣食品产业依然有旺盛的需求,在畅销产品无模式的前提下,将民间达人与技术创新结合成一个力量,并利用新媒体技术进行宣传推广,创新销售传播模式,促进产品多元化发展,高效推动麻辣食品产业发展,让不断优化的麻辣食品产业迸发出无限的潜力。

二、麻辣食品的新亮点

1.麻辣全复合

研究全复合调味新技术,打造全复合麻辣调味料,不断实现消费新趋势。

2.麻辣肉制品创新

探讨麻辣肉制品创新,做到靠味道说话。

3.二维码流行

利用二维码推动高效服务终端发展,降低成本,并增加有偿单独实践教学项目,专人负责,打造零投资最佳模式。

4.麻辣条菜品化

实现休闲食品菜肴化,打造经典,推动南方市场发展。

5.麻辣豆制品创新

探讨休闲化豆制品的生产销售,不断释放新能量。

6.麻辣食品新吃法

独家传授经典干锅、火锅和焖菜等调味方法,打造麻辣食品调味经典。

三、麻辣食品新趋势

麻辣食品产业发展的新趋势可用"创新"和"标准化"两词概括。创新源于市场需求,通过长期调查发现,消费者需要的是安全、健康、美味的麻辣食品,因此,企业需要通过生产技术、生产流程、消费模式的创新实现麻辣食品的安全、健康、美味以及透明化的消费。在创新的基础上,结合传统工艺做法,将麻辣食品生产技术标准化,实现麻辣食品的标准化生产。

根据辣椒的特殊性,通过工艺创新,优化辣椒提香方法;将辣椒与其他香辛料结合,改进辣椒的香味;根据辣椒的品种,改进辣椒的香味。实现辣椒提香方法的创新。麻辣食品调味技术的创新主要包括以下几个方面。

1. 麻辣鲜香调配技巧的创新

麻味的来源不仅仅是花椒,还有辅助花椒的多种复合调味香辛料,香辛料的作用改变了麻味,这就是调味中麻味的调味技巧,也就是不用添加花椒也可体现出麻味;辣味的来源极广,有数十种。我们根据消费需求将纯天然香辛料进行搭配,做成了具有天然香味的香辛料08、09号,即使添加极少量的这种香辛料,也可改变辣味的口感,提高辣味延长感,减少辣椒碱的辣味是从天然角度改变辣味的一大趋势。另一方面,复合专用香辛料调味油的研发将大大改变人对辣味的感受,也是辣味复合调配的升级,辣味的改变将会成为主要消费需求动向,也会成为一些品牌竞争的主要着力点。

鲜味源于高品质的蔬菜类、菌类、动物蛋白类、海鲜类原料,将原料进行有效复配,实现鲜而不口干的味道,这就是未来鲜味的发展方向,未来的鲜味会越来越纯、越来越自然。

麻辣鲜香在调配过程采用分子级缓释处理技术,但这是大部分麻辣风味食品在生产过程中难以实现的。只有改变麻辣口感、延长回味、提升厚味,才能实现麻辣鲜香的独创,同样的麻辣食品,稍作改变即可成为口感一流的产品。未来麻辣食品必然是越做越好吃、越吃越有味,这也是麻辣鲜香调配的发展趋势。

2. 牛肉风味厚味调味创新

牛肉风味厚味强化的关键在于复合香辛料,选择好的香辛料和适当的使用方法,实现原料品质和应用的创新,并且使用特殊的复合香辛料,还可以改变牛肉风味的回味,在复合增味的基础上,采用分子级调味技术,缓释释放风味,改进牛肉风味。

3.蛋类入味研究创新

不同的香辛原料入味效果不一样,这就导致香辛料的处理方式不一样,先让容易入味的香辛料入味,从而带动香辛料的集体入味,使蛋心入味的同时带动整个蛋品入味,这是针对蛋品调味的方法,也是很多企业没有做到的。

对于蛋品风味的释放,也是采用分子级缓释释放技术,让鸡蛋风味释放的同时吸收一些复合香辛料的风味,使香辛料的风味渗透到蛋制品的整体。

在入味的香辛料之中,如何选择水溶性独特香辛料作为风味的渗透体至关重要,尤其使一些入味效果好的调味原料,可以在调味过程中不断将风味释放到蛋品整体中去,这也是其他新技术难以达到的目的。

对于烤蛋加工需要高温高压下香料的作用,我们专门研究了具有长分子链的香味物质载味体,在经过高温高压的情况下,香味和口感不发生变化,这就是复合调味技巧的体现。

蛋品在放置过程中香味物质的渗透研究,是蛋品产品质量的保障,也是蛋品越放越好吃的原因。不断实现高品质蛋品研究将成为蛋品新消费趋势,也是蛋品麻辣化的必经之路。

4.香辣酱的增香创新

香味的来源很多,但是采用独特做法的却不多,采用香精增香是多年来一直沿用的香辣酱增香方式,效果一般,随着市场的变化,被消费者不断淘汰,香精增香的效果应该是添加食用香精而消费者没有吃到食用香精的感受。采用天然植物提取物增香比较流行,或采用工艺改进增香也是香辣酱可以实现的增香方式。高品质、多样化的多香型香辣酱将是未来麻辣食品市场上的主力军。

5.蟹黄蚕豆风味创新

合理应用蛋黄粉促进蟹香口感;将蟹黄风味应用到蚕豆等新原料上,演变出新产品;强化肉香,改变蟹黄和蛋黄粉味道较短的缺点;蚕豆、蟹黄、蛋黄、肉味相结合,在基本的甜咸鲜基础上形成一流风味。

综上,在经济快速发展的今天,面对市场需求的不断变化和提高,麻辣食品产业要想做到可持续发展,就必须做到不断创新,不断适应社会变化,并且在此基础上,使产品做到标准化生产。

第二节 麻辣食品产业转型的问题

一、技术难题

目前,麻辣食品产业混战、模仿跟风现象愈演愈烈要想改变这种格局,促进消费升级是主要方法,无论是麻辣食品生产厂家,还是麻辣食品研发机构,需要靠"智造"结合当下最有优势资源,做出具有自己特色的麻辣食品,其大格局就是"你的产品就是我的产品,你的技术就是我的技术,你的网络就是我的网络",只有这样,麻辣食品才有未来。利用先进的麻辣食品生产技术,可为一流麻辣食品产业创业人、董事长、总经理提供前所未有的机会,为麻辣食品发展储备正能量,这就是给麻辣食品带来的重要机遇。

价格战已经结束,如今正是消费为主的"吃好时代",依靠别人生存的时代已经过去,麻辣条、豆干、凤爪、兰花豆、鸭脖、手撕牛肉、猫耳朵、干丝、蛋白肉、素肉、麻辣花生、山椒猪皮、香辣金针菇、麻辣香菇片、果蔬脆片等都将结束这个拼价格时代,也将迎来利用单品(风味豆豉、红枣、火鸡面)畅销打天下的 IP 时代。通过多次交流和技术实践必将涌现出一批新的在麻辣食品产业有作为的人和品牌,从而也将改进过去麻辣食品加工研究创新状态,淘汰掉一部分旧的人或品牌。

二、解决方法

麻辣食品企业在生产麻辣制品的过程中遇到了各种新的难题,例如,泡椒凤爪在生产过程中会出现变质等问题,大多数生产泡椒凤爪的企业没能解决这一困难,主要是由于生产技术陈旧造成的。只有通过泡制调味技术的创新和传统工业化方法相结合,并加强麻辣制品企业之间的交流与探讨,才能解决变质等实际生产中遇到的问题。麻辣食品企业的跟风时代已经过去,没有更新的技术支持,企业将会被迫退出市场,这种情况在重庆尤为明显,这是麻辣食品企业不学习、不讨教的结果。2017 年上半年,麻辣肉制品企业业绩持续下滑,大多数在麻辣食品行业从业多年的人不得不离开了这个行业。因此,解决麻辣食品企业实际生产中遇到的问题需要更新的技术支持。

消费者对消费需求不断提高、消费持续升级使得麻辣食品生产企业遇到很多难题,销售困难是麻辣食品企业遇到的最大难题,要解决这个问题,麻辣食品企业抱团发展无疑是最好的方法,麻辣食品销售联盟是麻辣食品企业不得不了解的平台,以中国中原地带为主,带动全国麻辣食品市场良性发展,更好地服务麻辣食品产业。

第三节　麻辣食品产业转型是麻辣食品产业发展的机遇

一、涨价机会

当下社会,物品价格呈现出不断上涨的趋势,消费一直在不断升级,出现了多样化、碎片化、个性化等新的消费模式,在传统销售乏力、新销售模式日益得到创新、共享价值存在的状况下,麻辣食品特长得以发挥,面对万亿的市场潜力,打造立足消费、立足实践的麻辣食品产业。靠一个专家带动数十人乃至上百人、上千人,将麻辣食品产业发展成大智慧大产业,也只有这样才能把一些小众化的麻辣食品产业做大做强,改变越来越多的麻辣食品企业,将其做成世界级的品牌。面对麻辣食品产业遇到的困难,我们一道总结得失,一起分享价值,一同打造会说话的麻辣食品产业,再利用智能化装备、工程化机械和科学化流程,完成点对点的产业帮扶,实现点对点的服务。立足食品行业,将食品产业的健康发展作为己任,利用一切现有资源和技术,团结麻辣食品产业的民心、民意及正能量,为麻辣食品产业的发展带来福音。

二、大格局整合

产业目前的处境比较困难,多数麻辣食品企业难以前行、盲目无路,而一些麻辣调味的技术成果也难以利用,发挥不了纽带作用,无法将麻辣食品和调味产业有机结合,难以形成商业价值,导致了一定的资源浪费。要把麻辣食品产业发展好,需要大格局、大思路、大对决,甚至是利用与之前完全对立的思路和模式,只有这样才能为麻辣食品产业创造亮点。要做好麻辣食品,首先要做好麻辣调味,而不是一味地打价格战。麻辣食品产业发展的基本原则是建立持续服务的平台,团结合作,整合大格局,带动数百亿商业价值的形成。

三、平台共建

麻辣食品产业的发展需要大家共同的努力与分工合作,为麻辣食品产业转型创造动力,企业之间相互合作,良性发展,将自己的价值和意义实现最大化,同时解决麻辣食品产业面对的问题,实现共赢,成就无数麻辣食品创业的商机。食品界缺乏高诚信度的真实原创内容,这就需要大家的共同深入探讨和沟通。大数据在麻辣食品销售过程中的应用得到显著的成果,为销售打造出坚实的消费基础。麻辣食品产业转型尽可能在各自圈子实现高附加值的转化,在合适的时间实现多方联盟、高度整合的联合模式,一起对某些良性客户进行升值打造,把科研成果变成商业价值,实现产、学、研、销、消的结合,重点带动产值提高,合理打造麻辣食品所有产业链。

第二章　麻辣食品配方

第一节　青菜薄麻辣食品生产技术

　　蔬菜的加工困惑了很多食品企业,高品质的蔬菜食品加工成为未来发展的一大趋势,一流的青菜薄休闲食品源于休闲蔬菜食品的不断出现,对青菜这样大面积种植的蔬菜食品进行精深加工,演变成为消费者乐于接受的蔬菜食品。我们对蔬菜的呈味研究多时,特别提出青菜薄休闲食品做法供同行参考借鉴。

一、麻辣青菜薄的开发

　　青菜是含有大量维生素、叶绿素的健康食品原料,如何将青菜做成青菜薄是当下的技术难题。针对这一现状,我们根据蔬菜的特殊性质,首先将青菜腌制,然后脱水,等水分脱出后将青菜完全烘干,经过调味,再压片形成青菜薄,通过不同的切分得到大小不一的青菜薄产品,这样做成的青菜薄产品风味极多,可以做成麻辣、香辣、烧烤、孜然、五香、甜橙、芝士、番茄、咖喱、酸辣、烤肉等风味。关键在于青菜薄调味料的研制,经过多年研究,我们提供相关青菜薄调味料配方如下。

二、不同风味青菜薄配方

1.麻辣青菜薄调味料配方

原料	生产配方/kg	原料	生产配方/kg
谷氨酸钠粉	20	朝天椒粉	20
I＋G	1	缓释肉粉	12
花椒粉	3	增鲜剂	1
白砂糖粉	2	麻辣调味油	0.1
五香粉	2	辣椒天然香味物质	0.005(5g)

2.香辣青菜薄调味料配方

原料	生产配方/kg	原料	生产配方/kg
谷氨酸钠粉	18	烤牛肉香料	0.2
I+G	0.9	香辣调味油	0.5
麦芽糊精	12	鲜辣椒提取物	4
淀粉	12	大蒜粉	5
白砂糖粉	10	辣椒粉	12
柠檬酸粉	0.5	辣椒色泽提取物	2
葱香料	0.4		

3.麻辣牛肉味青菜薄调味料配方

原料	生产配方/kg	原料	生产配方/kg
缓释释放肉粉	0.1	草果粉	0.0006(0.6g)
复合增鲜配料	4	甘草粉	0.0005(0.5g)
鲜辣椒提取物	0.2	陈皮粉	0.0002(0.2g)
鸡肉粉	0.6	豆蔻粉	0.0001(0.1g)
麻辣风味专用天然甜味香料	0.05(50g)	八角粉	0.0007(0.7g)
牛肉粉	0.1	花椒粉	0.0008(0.8g)
辣椒粉	8	白芷粉	0.0001(0.1g)
青花椒粉	0.056(56g)	大枣粉	0.0009(0.9g)
水溶性辣椒提取物	0.022(22g)	麝香粉	0.0002(0.2g)
麻辣调味油	0.1	川芎粉	0.0003(0.3g)
香果粉	0.0005(0.5g)	小茴香粉	0.0007(0.7g)
桂皮粉	0.0001(0.1g)	姜黄粉	0.0008(0.8g)
孜然粉	0.0003(0.3g)	草果粉	0.0006(0.6g)

4.椒香牛肉青菜薄调味料配方

原料	生产配方/kg	原料	生产配方/kg
花椒粉	0.2	烤香热反应牛肉粉	0.12
复合增鲜调味料	4	辣椒粉	8

原料	生产配方/kg	原料	生产配方/kg
椒香青花椒提取物	0.2	青花椒粉	0.021(21g)
椒香牛肉香料	0.2	鲜辣椒提取物	0.012(12g)
天然甜味香辛料	0.02(20g)	天然土豆香味专用调味料	0.05(50g)

5.原味青菜薄调味料配方

原料	生产配方/kg	原料	生产配方/kg
谷氨酸钠粉	20	热反应牛肉粉	5
I+G	1	麻辣专用肉粉	45
缓释释放肉粉	15	增鲜配料	1
麻辣专有提味香料	25	增香香料	1
强化回味香料	3	辣椒香原料	2
姜粉	4	花椒提取物	0.005(5g)
青葱粉	10		

6.麻辣经典青菜薄调味料配方

原料	生产配方/kg	原料	生产配方/kg
谷氨酸钠粉	1	天然增鲜配料	0.05(50g)
I+G	0.05(50g)	青花椒香味提取物	0.006(6g)
天然辣椒提取物	0.03(30g)	辣椒粉	8
天然辣椒香味物质	0.008(8g)	花椒粉	2
50倍甜味配料	1	强化厚味粉	8
强化香味花椒提取物	0.1	肉味专用强化土豆片配料	0.1

7.番茄味青菜薄调味料配方

原料	生产配方/kg	原料	生产配方/kg
白砂糖粉	20	柠檬酸	1.5
复合增鲜调味料	21	洋葱粉	0.5
番茄粉	20	麦芽糊精	21
麻辣调味油	0.008(8g)	番茄香精	0.6

原料	生产配方/kg	原料	生产配方/kg
缓释释放肉粉	0.03（30g）	甜味香辛料	0.4
番茄风味提取物	0.05（50g）	蒜粉	0.3
苹果酸粉	0.4	黑胡椒粉	0.2
葡萄糖粉	12		

三、麻辣青菜薄调味料的使用

在以上青菜薄调味料配方基础上，可以开发出消费者认可的数十个系列化产品，满足更多消费者的需求，深度解决青菜这一农产品加工现状的难题，这只是一方面，这样的农产品加工的成品率极低，味道极佳，价格也相应的高，通常市场售价 3 克零售价 3 元，这是未来的发展趋势，是蔬菜薄系列化不断演变的设想，也是不断丰富高品质天然蔬菜精深加工的必然趋势。

第二节　麻辣卤香花生生产技术

对于花生产品，如何实现卤香香味的提取才是关键，尤其是卤香的花生制品。对于卤香产品，无论是含有水分的花生，还是干花生，又或是带壳的花生均适用传统卤香调味技术，这样的调味技术将是未来卤香花生的发展必然。

一、麻辣卤香花生生产

具有特色的卤香原料的制备是采用卤香香辛料，经过卤香前味体导出、卤香风味产生、卤香风味优化等过程多次浸提得到卤香风味液，这样的卤香将是花生特殊风味的体现。甜味独特体现是回味强化的实现，这是花生口感优化的前提，这样的卤香是前所未有的一流口感，香辛料的复合使用改变原有采用甜味剂、香辛料时形成得口感单一、味道较短的现实，这种香辛料的复合使用使卤香入味效果好，卤香让花生越吃越有味，改变过去的花生卤味的现实。卤香的特色体现在卤味香辛料的相互作用，尤其是卤香复合经典香辛料的使用改变了现有的花生口感。

我们通过卤香原料的使用，在不同的花生品种之中采用不同的用法。带壳花生用卤香原料腌制 8 个小时之后，直接将花生带壳烘干或者炒干，也可以直接添加调味原料做成带壳湿花生产品，经过 121 摄氏度，高温杀菌 20 分钟即可。花生米经过卤制原料腌制 8 个小时之后,采用炒制或者烘干即可做成成品。此外,花生米经过煮熟之后,直接加入卤香原料即可做成卤味、五香、麻辣、香辣等多种口味的卤香系列花生,这样可以实现卤香原料的标准化,也实现了卤香风味产品系列化,便于一些从事花生加工数十年的企业优化资源组合,成就花生专业加工技术。卤香原料的使用体现在卤香效果好、成本极低、消费者认可率高等方面,也是未来复合调味和卤香花生升级的必然。

二、麻辣卤香花生配方

原料	生产配方/kg	原料	生产配方/kg
辣椒调味油	0.4	水溶辣椒提取物	0.14
卤香花生	89	缓释释放肉粉	0.2
辣椒	2.3	辣椒红色素150E	0.01(10g)
谷氨酸钠	5	糊辣椒天然香味物质	0.001(1g)
白砂糖	1		

根据以上配方即可诞生上千种风味的麻辣食品,卤味的发展源于卤料的作用和外调的修饰。

三、麻辣卤香花生的发展趋势

卤香产品形成花生的独特效应,让花生的味道越来越多样化,这就是卤香花生的演变现实,大多数花生加工企业难于在卤香方面下功夫,大部分卤香花生均为低价恶性竞争同质化,这是一个行业的可悲之处,尤其是某些常年从事这一行业的朋友很难跳出这个圈子,一直在做重复劳动,没法让产品销售起来,总是期望过去吹嘘的办法能够销售产品。模仿型排浪式消费时代已经终结,对于花生制品也是一样,高品质的卤香、碳烤、松针烤香、无烟烤香等新风味将是未来的趋势。卤香花生的低价销售只会给整个行业带来灾难,没有好的结果,尤其是现在一些产品风味提高了,销售反而停滞了。再好的产品和服务关键在于消费者认可,而不是过去低价的冲刺,吃好的年代主要体现在吃方面下功夫,主要是如何吃好。如山椒风味花生也可以与卤香结合,大大改变过去山椒风味口感单薄的现实,这样的卤香优化反而成为一些卤香花生的突破点。卤香花生的干制品是将花生经过沙炒而制得的,这样得到的卤香花生入味效果好,花生的口感舒脆,尤其是花生的吃法发生了很大的变化。

第三节　麻辣卤香凤爪生产新技术

卤香指卤制香辛料所产生的香味,这就导致卤香风味出现的难度之大,这是一些凤爪的卤香风味不突出,或者是产品在市场上流行一段时间之后卤香风味消失的原因,卤香的关键在于香辛料的利用和调味新技术的应用,没有新技术的应用就难于实现卤香风味的演变。首先是提取卤香的调味技术,其次是如何应用好卤香服务于卤制风味。

一、麻辣卤香凤爪生产

对于卤香风味的复合香辛料,我们根据有数十年经验的传统调味卤菜师傅的复合香辛料配比,优化复合香辛料的比例,得到消费者能够大量接受的复合香辛料卤料,将这样的卤料结合成为独特的风味体,这就是卤香的部分传统调味精髓。在一些传统熬制卤水不科学不规范的环节,我们结合分子级调味技术,采用先进的分子级分析香味前体导出法,将香味的前体提炼出来,让香味物质柔和到卤制肉品之中去,这样的前体只是具备产生香味的源泉。其次是将卤味前体参加香味熟化反应,得到消费者熟悉的风味也就是熟悉的卤味,这样得到的卤香不断完善进行优化和固化,固化后的卤香才是保存在卤制品之中的关键香味部分,也是卤香产生的关键之处。传统的卤制过程不再具有这样的特点,也就会出现卤制肉制品存放一段时间味道消失的现象。如果卤香香辛料经过上述关键技术加工实现卤香标准化、卤香味优化,并且卤香保存时间长,这样才是实现卤香的长时间保存食品的关键技术,这样的实践让卤香风味因子的分子链自然延长,避免了高温长时间杀菌等外界环境的破坏。

二、麻辣卤香凤爪配方

原料	生产配方/kg	原料	生产配方/kg
辣椒油	0.6	白砂糖	1
乙基麦芽酚	0.001(1g)	水溶辣椒提取物	0.14
卤香凤爪	89	缓释释放肉粉	0.2
炒香辣椒段	4.2	辣椒香味物质	0.001(1g)
谷氨酸钠	5		

根据以上配方即可形成数千种风味,完全可以满足更多消费者的需求。

三、麻辣卤香凤爪的未来走向

卤香味产生之后如何将卤香凤爪做成独特口感的食品,其做法是将过去流行的泡凤爪技术升级,将泡制工艺去掉,采用缓释释放风味技术来强化卤香的办法,这样让卤香和泡制的工艺简化,做到风味流畅结合,让卤香风味渗透到凤爪之中,让卤香的口感延长,让卤香的滋味连贯,这就是卤香不断完善的原因。对于卤香的优化还要体现在凤爪的增香,采用没有香味食用物质对凤爪强化增香的新技术,让香味强化成为经典的卤香,这就是如何将卤香改变凤爪的特殊味道。卤香的改变是未来的趋势,改变原来山椒凤爪单一口感的特点,这也是山椒凤爪风味升级的体现,卤香的改变不会改变凤爪的色泽和状态,卤香只是从香味物质的利用和缓释释放风味技术角度实现凤爪的味道升级,也是未来味道发展复合的必然趋势,卤香的复合化成为经典山椒凤爪的发展趋势。当前一些山椒凤爪被消费者不断唾弃,一方面是因为工业化食品的大需求均在萎缩,再一方面是消费者的需求现实受限于山椒凤爪企业的技术瓶颈。卤香的优势是味道口感长于山椒风味,山椒的口感赋予卤香的延长是复合香辛料强化的作用也是复合香辛料相互作用的效果,尤其是缓释释放风味技术的应用彻底改变呈味分子的级别,这样导致极少数卤香风味凤爪的畅销是必然的,也是未来可以预见的新风味山椒风味的优化现实。过去畅销的山椒风味举步维艰,不得不说明缺乏卤香优化的产品在市场上的接受程度正在下降。优化卤香的趋势将会是凤爪等系列肉制品发展趋势,这也是一些大型凤爪企业不断探索的出路。

第四节　麻辣辣子鸡生产技术

对于传统吃法的辣子鸡如何形成工业化的休闲食品和菜品,这是一大课题,也是我们结合一些企业的需求做的研发主题,特此将相关部分生产技术和配方作为参考借鉴。

一、麻辣辣子鸡生产工艺

鸡肉→切分→炒制→调味→冷却→包装→杀菌→检验→喷码→检查→装箱→封箱→加盖生产合格证→入库

　　将鸡肉解冻清理干净,尤其是杂质和异物,便于切成可以食用的丁状或者其他形状。将辣椒直接炒香再捣碎的办法,体现传统辣子鸡的做法,这样处理的辣子鸡辣椒辣味通过缓释释放风味肉粉将辣味渗透到鸡肉之中,这也是大大改善了辣子鸡的口感和味道,并且是一些辣子鸡产品不入味比较难吃的原因之一。再采用食用油进行炒制,按照配方比例添加调味原料,使调味料和鸡肉充分混合均匀。真空包装,采用121摄氏度高温高压杀菌35分钟较好,或者直接不杀菌作为辣子鸡菜品来推广。

二、麻辣辣子鸡生产配方

1.辣子鸡配方

原料	生产配方/kg	原料	生产配方/kg
辣椒油	0.4	水溶辣椒提取物	0.14
食用油	9	缓释释放风味肉粉	0.2
鸡肉	89	辣椒红色素150E	0.01(10g)
辣椒	2.3	辣椒香味物质	0.001(1g)
谷氨酸钠	5	食盐	3
白砂糖	1		

　　具有辣椒香型的辣子鸡,比较具有传统特征。

2.青花椒香型辣子鸡配方

原料	生产配方/kg	原料	生产配方/kg
保鲜花椒	0.4	水溶辣椒提取物	0.14
食用油	9	缓释释放肉粉	0.2
鸡肉	102	辣椒红色素150E	0.01(10g)
辣椒	2.3	青花椒天然香味物质	0.001(1g)
谷氨酸钠	5	食盐	3
白砂糖	1		

　　具有青花椒香型的调味辣子鸡独具一格。

3.烧烤风味辣子鸡配方

原料	生产配方/kg	原料	生产配方/kg
孜然粉	0.4	水溶辣椒提取物	0.14
食用油	9	缓释释放肉粉	0.2
鸡肉	110	辣椒红色素150E	0.01(10g)
辣椒	2.3	孜然烤香香味物质	0.001(1g)
谷氨酸钠	5	食盐	3
白砂糖	1		

4.剁椒风味辣子鸡配方

原料	生产配方/kg	原料	生产配方/kg
剁椒	2.5	水溶辣椒提取物	0.14
食用油	9	缓释释放肉粉	0.2
鸡肉	106	辣椒红色素150E	0.01(10g)
辣椒	2.3	剁制辣椒天然香味物质	0.001(1g)
谷氨酸钠	5	食盐	3
白砂糖	1		

具有剁制辣椒特殊风味和口感,便于习惯性消费。

5.酸辣风味辣子鸡配方

原料	生产配方/kg	原料	生产配方/kg
酸菜提取物	0.4	水溶辣椒提取物	0.14
食用油	9	缓释释放肉粉	0.2
鸡肉	120	辣椒红色素150E	0.01(10g)
辣椒	2.3	辣椒天然香味物质	0.001(1g)
谷氨酸钠	5	食盐	3
白砂糖	1		

以上配方均可实现高温高压杀菌得到麻辣食品,或者直接加工成为即食的菜品,可以更好满足当下健康美味的选择,也是未来的发展趋势。

第五节 豆渣开发食品研究新技术

对于豆渣的普遍浪费是大家所共识的,研究调味多年,我们根据这一现状,将豆渣作为原料开发成为豆渣锅巴等休闲小食品和调味蘸酱,目前已经在市场上销售推广。

一、豆渣加工食品新工艺

1.豆渣小食品加工工艺

豆渣→脱水→干制→膨化→调味→真空包装→杀菌 121 摄氏度 25 分钟→冷却→装箱→豆制品→检验→喷码→检查→装箱→封箱→加盖生产合格证→入库

2.豆渣锅巴加工工艺

豆渣→脱水→压片→油炸→脱油→调味→包装→豆渣锅巴→检验→喷码→检查→装箱→封箱→加盖生产合格证→入库

3.豆渣调味酱加工工艺

豆渣→炒制→调味→包装→杀菌→复合调味酱→检验→喷码→检查→装箱→封箱→加盖生产合格证→入库

二、豆渣食品生产配方

1.豆渣麻辣小食品配方

(1)麻辣小食品配方:

原料	生产配方/kg	原料	生产配方/kg
增鲜剂	0.1	80% 食用乳酸	0.03(30g)
水溶性辣椒提取物	0.02(20g)	野山椒抽提物	0.01(10g)
膨化豆渣条	30	野山椒	1.5
食盐	0.6	清香型花椒树脂精油	0.015(15g)
谷氨酸钠	0.9	干贝素	0.02(20g)
I＋G	0.03(30g)	增香剂	0.02(20g)
白砂糖	0.5	缓释释放肉粉	0.2
清香鸡肉香料	0.05(50g)		

（2）藤椒味小食品配方：

原料	生产配方/kg	原料	生产配方/kg
增鲜剂	0.2	80%食用乳酸	0.03（30g）
水溶性辣椒提取物	0.02（20g）	藤椒油	0.01（10g）
膨化的豆渣条	30	酸菜风味酱	1.5
食盐	0.5	青花椒树脂精油	0.01（10g）
谷氨酸钠	0.8	干贝素	0.03（30g）
I＋G	0.02（20g）	增香剂	0.04（40g）
白砂糖	0.3	缓释释放肉粉	0.4
清香藤椒香料	0.05（50g）		

（3）香辣味小食品配方：

原料	生产配方/kg	原料	生产配方/kg
增鲜剂	0.12	80%食用乳酸	0.03（30g）
水溶性辣椒提取物	0.03（30g）	红葱香料	0.01（10g）
膨化豆渣条	30	泡辣椒	1.5
食盐	0.48	花椒油树脂精油	0.01（10g）
谷氨酸钠	0.82	干贝素	0.02（20g）
I＋G	0.03（30g）	增香剂	0.03（30g）
甜味剂	0.06（60g）	缓释释放肉粉	0.5
烤香牛肉香料	0.05（50g）		

2.豆渣锅巴配方

（1）烤肉味豆渣锅巴配方：

原料	生产配方/kg	原料	生产配方/kg
豆渣锅巴	1080	海南黑胡椒粉	1
60倍甜味配料	8	烤肉液体香精	1
食盐	6	缓释释放肉粉	1
锅巴专用调味粉	10	增香料	2
辣椒红色素30色价	0.15	增鲜调料	1
辣椒提取物	0.05（50g）	水解植物蛋白粉	1
辣椒粉 （朝天椒：二荆条：子弹头＝1：2：1）	1		

（2）烤牛肉味豆渣锅巴配方：

原料	生产配方/kg	原料	生产配方/kg
豆渣锅巴	1100	辣椒红色素 30 色价	0.2
甜味配料	2	辣椒提取物	0.1
食盐	5.8	辣椒粉 （朝天椒：二荆条： 子弹头 = 1∶2∶1）	1.6
柠檬酸	0.2	黑胡椒粉	0.6
葱白粉	2	烤牛肉液体香精	0.04(40g)
洋葱粉	1.5	缓释释放肉粉	6
谷氨酸钠粉	3	增香料	0.8
I + G	0.15	增鲜调料	1.4
香葱粉	1.6	烤牛肉热反应粉	1.2
热反应鸡肉粉	4		

（3）香辣味豆渣锅巴配方 1：

原料	生产配方/kg	原料	生产配方/kg
豆渣锅巴	1500	花椒粉	0.4
甜味配料	10	辣椒提取物	0.12
食盐	9.5	辣椒粉 （朝天椒：二荆条： 子弹头 = 1∶2∶1）	6
谷氨酸钠粉	3.2	海南黑胡椒粉	0.2
I + G	0.12	香菜香料	0.04(40g)
干贝素	0.12	缓释释放肉粉	6
葱白粉	1	增香剂	0.2
洋葱粉	1.2	增鲜剂	2.1
香葱粉	1.5	清香鸡肉香料	0.2
热反应鸡肉粉	6		

（4）香辣味豆渣锅巴配方2：

原料	生产配方/kg	原料	生产配方/kg
豆渣锅巴	1850	辣椒粉 （朝天椒：二荆条： 子弹头 = 1:2:1）	10
甜味配料	10	黑胡椒粉	0.2
食盐	11	清香鸡肉香料	2
强化厚味配料	10.2	缓释释放肉粉	10
辣椒提取物	1		

（5）香辣牛肉味豆渣锅巴配方：

原料	生产配方/kg	原料	生产配方/kg
甜味配料	2.8	青花椒粉	0.4
豆渣锅巴	1300	辣椒提取物	0.1
食盐	9.5	辣椒粉 （朝天椒：二荆条： 子弹头 = 1:2:1）	6.2
谷氨酸钠粉	2.8	黑胡椒粉	0.22
I + G	0.1	牛肉香料	0.05（50g）
干贝素	0.16	葱香牛肉粉	4.5
葱白粉	1.2	增香料	0.2
洋葱粉	1.2	增鲜配料	1.5
香葱粉	1.5	水解植物蛋白粉	0.6
缓释肉粉	6		

（6）香辣鸡腿味豆渣锅巴配方：

原料	生产配方/kg	原料	生产配方/kg
甜味配料	3	花椒粉	0.3
豆渣锅巴	1280	辣椒提取物	0.1
食盐	10.5	辣椒粉 （朝天椒：二荆条： 子弹头 = 1:2:1）	5.8
谷氨酸钠粉	3	黑胡椒粉	0.1
I + G	0.08（80g）	清香鸡肉香料	0.04（40g）

续表

原料	生产配方/kg	原料	生产配方/kg
干贝素	0.15	缓释肉粉	8
葱白粉	0.9	增香料	0.5
洋葱粉	1.5	增鲜配料	1.6
香葱粉	0.8	酵母味素	0.8
热反应鸡肉粉	5.8	豆瓣粉	0.08(80g)

(7)酱汁牛肉味豆渣锅巴配方1:

原料	生产配方/kg	原料	生产配方/kg
甜味配料	3.1	大红袍花椒粉	0.15
豆渣锅巴	1200	辣椒提取物	0.15
食盐	10.3	辣椒粉 (朝天椒:二荆条: 子弹头=1:2:1)	5.5
谷氨酸钠粉	2.4	黑胡椒粉	2.5
I+G	0.08(80g)	风味强化调料	0.5
干贝素	0.1	酱香牛肉香料	0.2
葱白粉	1.2	豆豉粉	0.8
洋葱粉	0.9	增鲜配料	0.6
香葱粉	1	酵母味素	1.6
热反应酱牛肉粉	6.6		

(8)酱汁牛肉味豆渣锅巴配方2:

原料	生产配方/kg	原料	生产配方/kg
豆渣锅巴	1350	大红袍花椒粉	0.21
60倍甜味配料	8	辣椒提取物	0.2
食盐	6	辣椒粉 (朝天椒:二荆条: 子弹头=1:2:1)	7.1
谷氨酸钠粉	2	黑胡椒粉	3.5
I+G	0.05(50g)	水解植物蛋白粉	0.8
干贝素	0.1	酱香牛肉香料	0.15
葱白粉	2	郫县豆瓣粉	1.2

续表

原料	生产配方/kg	原料	生产配方/kg
洋葱粉	1	增鲜配料	2
香葱粉	1.2	缓释肉粉	1.6
酱牛肉粉	4.2		

（9）特色麻辣味豆渣锅巴配方：

原料	生产配方/kg	原料	生产配方/kg
食盐	7.8	甜味配料	0.3
豆渣锅巴	820	清香花椒提取物	0.06(60g)
谷氨酸钠	1.9	芝麻油香基	0.002(2g)
I+G	0.08(80g)	强化厚味鸡肉粉	0.2
干贝素	0.01(10g)	热反应鸡肉粉	0.5
朝天椒细辣椒粉	8.4	酵母味素	0.2
江津青花椒粉	2.2	增香料	0.02(20g)
白胡椒粉	2.9		

3.豆渣调味酱配方

（1）香辣豆渣调味酱配方：

原料	生产配方/kg	原料	生产配方/kg
食用油	9	水溶辣椒提取物	0.14
脱皮白芝麻	2.6	缓释肉粉	0.2
豆渣	79.5	辣椒红色素150E	0.01(10g)
辣椒	2.3	辣椒天然香味物质	0.005(5g)
谷氨酸钠	5	食盐	3
白砂糖	1		

（2）麻辣豆渣调味酱配方：

原料	生产配方/kg	原料	生产配方/kg
食用油	9	白砂糖	1
麻辣油	0.2	水溶辣椒提取物	0.14

原料	生产配方/kg	原料	生产配方/kg
脱皮白芝麻	2.6	缓释肉粉	0.2
豆渣	79.5	辣椒红色素150E	0.01（10g）
辣椒	2.3	辣椒天然香味物质	0.005（5g）
谷氨酸钠	5	食盐	3

（3）清香麻辣豆渣调味酱配方：

原料	生产配方/kg	原料	生产配方/kg
青花椒香味提取物	0.06（60g）	白砂糖	1
清香天然香辛料提取物	0.09（90g）	水溶辣椒提取物	0.14
食用油	9	缓释肉粉	0.2
脱皮白芝麻	2.6	辣椒红色素150E	0.01（10g）
豆渣	79.5	辣椒天然香味物质	0.005（5g）
辣椒	2.3	食盐	3
谷氨酸钠	5	花椒提取物	0.3

　　根据消费需求将豆渣做成系列食品以便更多消费者接受，更加合理利用资源是我们不断优化调味的主要工作，未来还会不断实现豆渣系列食品的深度开发。

第六节　风味豆豉生产技术及创新消费

　　对于风味豆豉这样畅销的产品，我们实现高品质的调味是没有问题的，对于风味豆豉的发展是如何更好地使用好风味豆豉，因此我们不妨将风味豆豉的调味和使用结合，采用创新消费新方式作为参考。

一、风味豆豉的调味工艺

　　辣椒、豆豉、菜籽油→称量→炒制→调味→包装→高温杀菌→检验→喷码→检查→装箱→封箱→加盖生产合格证→入库

二、风味豆豉的配方

原料	生产配方/kg	原料	生产配方/kg
辣椒	9	白砂糖	1
食用油	9	水溶辣椒提取物	0.14
豆豉	82	缓释释肉粉	0.2
花生	2.3	辣椒红色素150E	0.01（10g）
谷氨酸钠	5	糊辣椒天然香味物质	0.001（1g）

豆豉中的辣椒采用传统方法制作,先将辣椒炒脆,再捣碎,这样做的辣椒经过炒制而不辣,这也是风味豆豉的关键——香而不辣。

三、风味豆豉的创新消费

创新的一大消费是:采用冰激凌沾着风味豆豉来食用,这样的消费是前所未有的创新吃法,也是流行一时的新吃法,可以改变休闲的消费趋势。这不仅仅是过去将风味豆豉拌凉皮、拌凉面、拌菜、拌肉等吃法的延展,而是全新的休闲吃法。目前在一些咖啡厅、茶座出现风味豆豉与冰激凌一起食用的新消费趋势,而且也有消费者自己购买冰激凌、风味豆豉一起吃的习惯,这就导致数亿的消费增长,这就是新消费趋势的潜力,尤其是风味豆豉的特殊口感,不仅仅是这样休闲的吃法,还有更多新吃法期待开发。在一些生吃蔬菜的地区出现将风味豆豉与生菜混合食用的现象,这也是推动风味豆豉畅销的趋势。这也证明了一个好吃的食品,换其他食用方法依然美味,这样催生的新创意消费是过去模仿型排浪式消费终结的表现,也是个性化多样化创新消费的特点。在不断服务的过程中体验了这样一种现象,就是在传统的火锅底料基础上添加风味豆豉的新派火锅,在咖啡店以98元每人的锅底价格畅销,这说明风味豆豉吃法前途无量,更多的吃法是不断创新不断优化的结果。将风味豆豉作为更多面食、米饭、拌饭、小吃等的配套调味料也是创新新吃法,无论在国内国外均有广阔的市场前景,尤其国外一些中式麻辣烫店、串串店也在使用风味豆豉创新新吃法,这将是风味豆豉吃法广为传承的基础,也不断证明风味豆豉创新消费潜力巨大,是消费者需求所趋。

第七节　川味火锅强化厚味调味技术

如何将火锅做成消费者认可的火锅,尤其是川味火锅的厚味,以下简述作为这一行业的关键技术。

一、强化川味火锅厚味的火锅底料生产工艺

复合香辛料→导出香味前提→熟化产生香味→复合香味固化及其优化→调配→包装→检验→喷码→检查→装箱→封箱→加盖生产合格证→入库

二、强化川味火锅厚味的调味

复合香辛料的选择很关键,这是在传统使用食用牛油或者菜籽油、豆瓣、豆豉、生姜、大蒜、醪糟、冰糖等原料以外的关键原料,香辛料的使用选择是风味强度较大的使用量较小,风味小的使用量偏多。香辛料之间的相互作用成为这一调味行业的关键,如何实现香辛料的有机结合才是调味的目的,而不是一些火锅底料的香辛料味道重而不协调,有些火锅吃后全身都是香辛料的味道,但是火锅并不是十分好吃,这种情况需要改善。

1.导出香味前体

一些企业需要的厚味是由香辛料诞生的,但是香辛料使用较多效果不好,而香辛料使用较少效果也不好,这就导致香辛料的使用出了很大的问题。我们根据消费者需要进行深入研究,将香辛料采用香味前导出法这一物理方法,就可以改变香辛料味道。让香味前体自动从香料内流出的做法是过去所没有的,也是未来天然提取新技术的方向。科学合理利用这样的做法会减少天然香辛料的使用量,让香辛料的作用发挥到极致,这对于香辛料自然呈味是一大进步,也是导出香味的分子级研究新成果,大大改变了调味的传统做法,同时调味的效果大大提高了。

2.熟化产生香味

将提取的香味前体熟化成为复合香辛料产生香味的关键,对于如何产生香味的过程是至关重要的,也是未来的必然趋势,香味的产生不是利用过去的长时间熬制而是多次短时间提取的物理办法,这样的操作不断实现品牌过亿的核心技术支持,这种奇特做法使香味不断释放,形成独到的风味体。熟化过程的连续和多次让香味前体释放彻底,这是多次利用香味的分子链不断增长,使同样的香

辛料呈现出不同的味道。

3.复合固化香味

采用对复合香辛料有稳定作用和独特增香作用的固化配料,充分利用植物之间的独特性质让香味物质更加稳定高效,可以使香味物质发生极大的变化。分子级调味技术发展,可以得出香味物质的多少和香味物质的稳定有着很大的关系,没有固化的效果,香味物质产生再多也没有用,唯有将香味物质固化才能使这一风味稳定,香味不需要多而需要醇和、天然、自然,正如一些餐饮店的香味让消费者真真吃到健康美味而且百吃不厌。

4.复合香味的优化

我们根据消费者的需求不断优化新型复合香辛料的味道,这是提升复合香味的做法,这也是未来川味火锅厚味丰富的方面之一。

通过以上办法促使川味火锅强化厚味调味,让更多的火锅会说话,这就是我们说的复合调味技术增值源泉。

三、川味火锅强化厚味配方

原料	生产配方/kg	原料	生产配方/kg
牛油	1000	大红袍花椒	8
生姜	17	辣椒	13
大蒜	17	复合香料	6
豆豉	16	青花椒	20
豆瓣	56	专用提升回味香辛料	2
以上所有香料按照介绍内容进行生产,得到火锅专用油基料。			
火锅专用油基料	100	花椒提取物	1.7
辣椒红色素150色价	0.3	鸡油香料	1.3
椒香提取物	0.02	油溶辣椒精	0.5
糊辣椒香料	0.02		
按照以上配方即得到火锅店使用的火锅油。			
食盐	771	增香香料	6
谷氨酸钠	150	强化厚味香料	4.5
鸡粉	30	I+G	7.5
缓释肉粉	10	专用复合香辛料	1
全脂奶粉	20	油脂类	900

结合以上配方,即可得到新式川味火锅强化厚味配方,关键是如何使用好这些技巧和方法,做出会说话的川味火锅。

第八节 重庆小面标准化生产技术

近年来不断流行的重庆小面在一些城市铺天盖地形成一个气候,但是跟风一段时间之后的贱卖会让更多的重庆小面店关门,这是比较残酷的事实,模仿型排浪式消费时代已经终结,重庆小面跟风不是好事,为了给人们创造美食提供更多的样板,给传统美食带来很多希望,在同行的一再要求下,特别奉献该想法供更多同行分享,让更多同行少走弯路,让诚信的同仁在开发重庆小面的路上一路顺风。

一、面条标准化

首先需要解决的是面的标准化,目前大多数重庆小面没有解决面的标准化,也就是说面条经过熟制之后的变化让更多的重庆小面不好把控小面的口感,即便是生意较好的小面也是这样,实现小面的标准化是让小面熟化之后放置即便是 24 小时,其口感和状态也不发生改变,这样才能让小面的面体标准化得到实现。当前小面煮的时间稍久就变口感,小面放的时间稍久面汤就变浓,面的口感就变差,这就是当下重庆小面的现状。我们根据这一现状,在一些专家和从事面制品生产多年的企业实践下,专门针对重庆小面开发标准化的面体,面条经过煮熟之后放置长时间达到 48 小时,面条的口感和状态也不发生变化,改变了重庆小面的面条标准化难题。

二、高汤标准化

重庆小面的短板是面汤底味味道比较短,这方面需要将独特的增鲜口感的食用原料、天然增香香辛料、咸味剂、鲜味剂、增鲜剂、肉类提取物等结合成为标准化的汤底味。我们根据十多年从路边小店到年销数亿的经验积累,将这样的复合调味技术使用在重庆小面上,实现了重庆小面专用汤底料,每 850 克直接兑50 千克开水即成底汤。这样的标准化底汤每个人均会操作,每个人均能实现美味传递。同样的做法已经实现重庆小面专用大骨汤、老母鸡汤、牛骨汤、三鲜汤,这样便于重庆小面不断满足更多消费者的多样选择。

三、多元化风味标准化

根据重庆小面的特点,特别制作重庆小面风味调味酱(香辣、青椒、麻辣、烤香、醇香、特辣、特麻、清香、糊辣椒香、藤椒香等),这样既可改变重庆小面的风味和滋味,又能大大提高重庆小面的风味化进程。风味稍作变化即成为优化风味,也是重庆小面的特点之一。

配套使用的专用蒸煮的豌豆,这对于提高重庆小面的口感极其重要,其他的香葱、香菜少许即可。牛肉面、肥肠面、鸡杂面、排骨面、香菇面等中的牛肉、肥肠、鸡杂、排骨、香菇等采用标准化的卤制方法,直接将这些标准化卤制的菜品作为重庆小面的配套,这样就可实现重庆小面的标准化,这改变了过去小面店卤制肉类原料成本极高而且味道时好时坏的现状。采用标准化的预制肉类菜品可以实现标准化小面店成本降低,味道更好,同时也是小面标准化的必然趋势。这样不会导致小面的配菜味道不一致的现象发生,不会让更多消费者吃后不想吃,同时调味酱多样化可以让消费者的选择面变宽,还可以实现重庆小面无厨师无厨房操作模式,也可实现重庆小面装修四小时完成,上午装修下午即可营业,还可以实现3平方米即可开一家重庆小面的做法。

第九节　麻辣豆腐生产技术

休闲食品技术不断发展,如今豆腐作为麻辣食品开发势在必行,作为专业从事这方面开发的人员,我们根据消费需求,将豆腐油炸之后做成麻辣食品,这是一个新兴的麻辣食品,在一定区域被消费者广为接纳。

一、油炸麻辣豆腐生产工艺流程

豆腐→切丁→油炸→滤油→调味→包装→高温杀菌→检验→喷码→检查→装箱→封箱→加盖生产合格证→入库

二、油炸麻辣豆腐生产技术要点

1.切丁

将做好的豆腐切成丁状,这样的方式便于做成休闲食品,可以选择鲜豆腐也可以选择豆腐干,还可以选择其他花色豆腐。

2.油炸

油炸豆腐丁,改变原来豆腐的口感,有的豆腐丁油炸后需要经过调味才好吃。

3.麻辣调味

按照配方比例添加调味原料,使调味料和豆腐丁充分混合均匀,一方面豆腐丁入味效果好,再一方面是豆腐丁口感较佳,这就是对豆腐丁调味的目的。

4.包装

采用真空包装的袋装或者瓶装均可。

5.高温杀菌

根据需要采用高温高压杀菌,调整适合的温度杀菌,改变杀菌条件也可做到不添加防腐剂。通常采用121摄氏度杀菌18分钟。若经过油炸之后水分含量较低,不需要杀菌即可。

三、油炸麻辣豆腐生产配方

1.香辣豆腐丁配方1

原料	生产配方/kg	原料	生产配方/kg
油炸过的豆腐丁	15.6	I+G	0.01(10g)
香辣油	0.2	天然辣椒提取物	0.012(12g)
山椒泥	2.1	柠檬酸	0.1
缓释肉粉	0.1	香辣香味提取物	0.01(10g)
谷氨酸钠	0.2		

豆腐丁香辣风味特征突出。

2.麻辣豆腐丁配方

原料	生产配方/kg	原料	生产配方/kg
油炸过的豆腐丁	15.6	I+G	0.01(10g)
麻辣油	0.2	天然辣椒提取物	0.012(12g)
山椒泥	2.6	柠檬酸	0.1
缓释肉粉	0.1	辣椒香味提取物	0.01(10g)
谷氨酸钠	0.2		

3.香辣豆腐丁配方2

原料	生产配方/kg	原料	生产配方/kg
香辣油	0.1	I+G	0.04(40g)
油炸过的豆腐丁	100	乙基麦芽酚	0.02(20g)
谷氨酸钠	0.9	水溶辣椒提取物	0.3
食盐	3.5	白砂糖	2.3
缓释肉粉	0.5	麻辣调味原料	0.02(20g)
柠檬酸	0.2	辣椒香精	0.002(2g)
辣椒油	3.2	辣椒红色素	适量

香辣油为特别制作的不含辣椒的油,这便于调味同时将调味料与油炸过的豆腐丁搅拌均匀即可。

4.独特香辣豆腐丁配方

原料	生产配方/kg	原料	生产配方/kg
食用油	9	水溶辣椒提取物	0.14
香辣花椒油	0.1	缓释肉粉	0.2
油炸过的豆腐丁	79.5	辣椒红色素150E	0.01(10g)
辣椒	2.3	香辣天然香味物质	0.001(1g)
谷氨酸钠	5	食盐	3
白砂糖	1		

具有独特香辣风味的油炸过的豆腐丁休闲产品。

5.麻辣豆腐丁配方3

原料	生产配方/kg	原料	生产配方/kg
鲜花椒	0.2	白砂糖	1
食用油	9	水溶辣椒提取物	0.14
麻辣风味提取物	0.1	缓释肉粉	0.2
油炸过的豆腐丁	79.5	辣椒红色素150E	0.01(10g)
辣椒	2.3	麻辣天然香味物质	0.001(1g)
谷氨酸钠	5	食盐	3

麻辣风味特征明显,回味持久、辣味自然柔和。油炸豆腐丁系列产品增值的同时,可以在现有技术条件下实现不添加防腐剂生产休闲调味豆腐,不断提升产品质量。

第十节　麻辣香菇生产技术

一、麻辣香菇生产工艺流程

1.麻辣香菇生产工艺

食用菜籽油→加热→炒制→调味→包装→高温杀菌→检验→喷码→检查→装箱→封箱→加盖生产合格证→入库

2.麻辣烤香菇调味加工工艺

香菇→浸泡→滤干→炒制→调味→烘烤→麻辣烤香菇麻辣食品→检验→喷码→检查→装箱→封箱→加盖生产合格证→入库

二、麻辣香菇生产技术要点

1.菜籽油的熟制

将菜油烧至青烟散尽,冷却后备用。

2.香菇的泡制

干香菇需要经过浸泡之后再加工,鲜香菇不需要进行浸泡,直接炒制即可。将调味料中各种成分混合均匀即可。

3.沥干

沥干水分,便于炒制。

4.香菇的炒制

炒制香菇可以直接食用,同时也可以将香菇和鸡肉等其他肉类结合。炒制时添加复合调味料,边炒制边添加复合调味液体即可,炒制至水分蒸发掉,再将炒制后的香菇烤制成为特色的麻辣休闲食品。

5.调味

将所有调味料加入炒制好的香菇之中,或者将香菇调味之后来烤制。

6.烘烤

烘烤去除水分产生特殊的香味,这是独特的风味体现。

7.包装

根据不同要求进行包装,有瓶装或者袋装,有真空包装或者散装。

8.杀菌

麻辣香菇或者香菇鸡丁需要杀菌,通常采用 121 摄氏度杀菌 30 分钟为佳。

三、麻辣香菇生产配方

1.麻辣香菇配方

原料	生产配方/kg	原料	生产配方/kg
食用油	9	水溶辣椒提取物	0.14
辣椒香味提取物	0.1	缓释肉粉	0.2
香菇丁	69	辣椒红色素 150E	0.01(10g)
辣椒	2.3	麻辣香味物质	0.001(1g)
谷氨酸钠	5	食盐	3
白砂糖	1		

具有麻辣风味特点,是消费者认可的风味之一。

2.麻辣烤香菇调料配方

原料	生产配方/kg	原料	生产配方/kg
谷氨酸钠	30	水溶性椒香香料	1
食盐	30	清香青花椒树脂	1
增鲜调味粉	1.5	酱香烤牛肉香料	0.3
乙基麦芽酚	3	葡萄糖	10
水溶性花椒粉	1.5	甜味配料	5
无色辣椒提取物	0.5	热反应鸡肉粉	20

可以作为干香菇调味使用,要求均为粉状水溶性调味料,入味效果好,是香菇增加辣味、麻味成为休闲食品的新技术应用。

3.清香酸辣香菇片配方

原料	生产配方/kg	原料	生产配方/kg
清香鲜花椒提取物	0.02(20g)	I+G	0.01(10g)
木姜子提取物	0.06(60g)	天然辣椒提取物	0.012(12g)
鲜香菇片	19.3	山梨酸钾	按照国家相关标准添加
鸡肉香料	0.2	脱氢乙酸钠	按照国家相关标准添加
野山椒	2.1	复合酸味配料	0.1
缓释肉粉	0.1	野山椒香味提取物	0.01(10g)
谷氨酸钠	0.2		

具有典型酸辣特征风味。

4.酸辣香菇片配方

原料	生产配方/kg	原料	生产配方/kg
鲜香菇片	19.3	天然辣椒提取物	0.012(12g)
鸡肉香料	0.2	山梨酸钾	按照国家相关标准添加
野山椒	2.1	脱氢乙酸钠	按照国家相关标准添加
缓释肉粉	0.1	复合酸味配料	0.1
谷氨酸钠	0.2	野山椒提取物	0.01(10g)
I+G	0.01(10g)		

山椒风味特征的酸辣风味,连汤都可以直接喝。

5.山椒香菇片配方

原料	生产配方/kg	原料	生产配方/kg
鲜香菇片	18	天然辣椒提取物	0.012(12g)
鸡肉香料	0.2	山梨酸钾	按照国家相关标准添加
野山椒	2.1	脱氢乙酸钠	按照国家相关标准添加
缓释肉粉	0.1	复合酸味配料	0.1
谷氨酸钠	0.2	野山椒提取物	0.01(10g)
I+G	0.01(10g)		

具有流行的山椒风味和口感。

香菇麻辣化的产品很多,但是消费者认可的并不多,尤其是能让消费者记住的香味产品极少,如何生产品质极高的香菇系列产品是食品企业的主旨,未来趋势是菌类麻辣化的不断演变,不断满足消费者的更多需求。对于生产环节出现的胀袋杀菌等传统问题主要是生产环节控制和严格执行。

第十一节 麻辣海带丝生产技术

目前市场上畅销的是香辣和山椒味的海带丝,其他烧烤、麻辣、藤椒等风味在开发之中。同时海带丝还可以开发成为干式休闲吃法诸如麻辣、烧烤、牛肉、香辣等风味化食品。海带丝的美味是消费者认可的关键,而不是低价竞争。

一、麻辣海带丝生产工艺流程

海带→浸泡脱盐→预煮→切丝→调味→包装→杀菌→麻辣海带丝→包装→成品→检验→喷码→检查→装箱→封箱→加盖生产合格证→入库

二、麻辣海带丝生产技术要点

1.浸泡脱盐

脱盐是为了保证海带丝的口感,让海带丝直接食用口感极佳,将多余的食盐脱掉。

2.预煮

预煮是便于标准化调味食用,可以直接作为餐饮配菜,极其方便。

3.切丝

采用切菜机切成丝或者人工切丝,切丝后进行调味。

4.麻辣调味

麻辣调味是将调味原料与海带丝搅拌均匀,边加调味料边搅拌让海带丝充分吸收调味料即可。麻辣调味主要解决的问题是避免调味之后的海带丝具有苦味,没有苦味的海带丝才适合消费者的需要,将肉味复合到不具有很强呈味能力的海带丝之中,这是麻辣调味的关键。

5.包装

对调味之后的海带丝采用抽真空包装,包材能够耐高温杀菌是关键。

6.杀菌

90 摄氏度杀菌10分钟。在生产环节控制较好的情况下,可以不需要添加防腐剂仍然做到海带丝杀菌之后保质 9 个月。

三、麻辣海带丝生产配方

1.麻辣海带丝配方 1

原料	生产配方/kg	原料	生产配方/kg
海带丝	80	缓释肉粉	0.2
辣椒	2.5	辣椒红色素 150E	0.001（10g）
谷氨酸钠	5	辣椒香味提取物	0.0001（1g）
白砂糖	1	食盐	3
水溶辣椒提取物	0.15	麻辣油	0.002（20g）

具有独特麻辣风味和口感,是多种麻辣风味难以实现的复合香辛料口感和风味,海带丝可口滋味。麻辣专用复合香辛料油是经过复杂的工艺熬制而得,口感持久,即便是长时间杀菌也仍然保持效果。

2.香辣海带丝配方

原料	生产配方/kg	原料	生产配方/kg
海带丝	100	I + G	0.04（40g）
谷氨酸钠	0.9	乙基麦芽酚	0.02（20g）
食盐	3.5	水溶辣椒提取物	0.3
肉味粉	0.5	白砂糖	2.3
柠檬酸	0.2	麻辣香料	0.02（20g）
辣椒油	3.2	辣椒香味提取物	0.002（2g）

具有独特香辣口感和滋味。

3.山椒海带丝配方

原料	生产配方/kg	原料	生产配方/kg
海带丝	15	黑胡椒提取物	0.0006（0.6g）
山椒（含水）	2	青花椒提取物	0.0001（0.1g）
缓释肉粉	0.05（50g）	辣根提取物	0.0002（0.2g）
谷氨酸钠	0.2	蒜香提取物	0.0004（0.4g）
I + G	0.01（10g）	纯鸡油	0.05（50g）

原料	生产配方/kg	原料	生产配方/kg
野山椒提取物	0.001（1g）	鸡肉香料	0.0002（0.2g）
山椒香味提取物	0.0002（0.2g）	强化辣味香辛料	0.001（1g）
柠檬酸	0.003（3g）		

具有独具特色的山椒口感和延长的辣味风味。

4.烧烤海带丝配方

原料	生产配方/kg	原料	生产配方/kg
食盐	0.2	辣椒红油 （油:辣椒=7:3）	0.5
谷氨酸钠	0.22	甜味剂	0.0002（0.2g）
I+G	0.01（10g）	乙基麦芽酚	按国家相关标准添加
白砂糖	0.01（10g）	酵母味素	0.002（2g）
泡辣椒	0.2	80%食用乳酸	0.01（10g）
调味油	0.15	山梨酸钾	按照国家相关标准添加
脱盐海带丝	12	脱氢醋酸钠	按照国家相关标准添加
缓释肉粉	0.02（20g）	品质改良配料	按照国家相关标准添加
焦香牛肉香料	0.001（1g）	增鲜配料	0.05（50g）
10%辣椒油树脂	0.001（1g）	烤香孜然油	0.04（40g）
青花椒树脂精油	0.01（10g）		

具有烧烤香味的海带丝产品,是新兴调味趋势之一。

5.牛肉味海带丝配方

原料	生产配方/kg	原料	生产配方/kg
食盐	0.2	辣椒红油 （油:辣椒=7:3）	0.5
谷氨酸钠	0.22	甜味配料	0.0002（0.2g）
I+G	0.01（10g）	乙基麦芽酚	按国家相关标准添加
白砂糖	0.01（10g）	酵母味素	0.002（2g）
泡辣椒	0.2	80%食用乳酸	0.01（10g）
调味油	0.15	山梨酸钾	按照国家相关标准添加

续表

原料	生产配方/kg	原料	生产配方/kg
脱盐海带丝	12	脱氢醋酸钠	按照国家相关标准添加
缓释肉粉	0.02(20g)	品质改良配料	按照国家相关标准添加
清炖牛肉香料	0.001(1g)	增鲜配料	0.05(50g)
10%辣椒油树脂精油	0.001(1g)	牛油	0.02(20g)
青花椒树脂精油	0.01(10g)		

具有传统的牛肉香味,消费者很熟悉这一风味。

6.麻辣海带丝配方2

原料	生产配方/kg	原料	生产配方/kg
食盐	0.2	辣椒红油 (油:辣椒=7:3)	0.5
谷氨酸钠	0.22	甜味剂	0.0002(0.2g)
I+G	0.01(10g)	乙基麦芽酚	按国家相关标准添加
白砂糖	0.01(10g)	酵母味素	0.002(2g)
泡辣椒	0.2	80%食用乳酸	0.01(10g)
调味油	0.15	山梨酸钾	按照国家相关标准添加
脱盐海带丝	12	脱氢醋酸钠	按照国家相关标准添加
强化厚味鸡肉粉	0.02(20g)	品质改良配料	按照国家相关标准添加
焦香牛肉香料	0.001(1g)	增鲜配料	0.05(50g)
10%辣椒油树脂精油	0.001(1g)	芝麻油	0.02(20g)
青花椒树脂精油	0.01(10g)		

麻辣特征风味突出,使海带丝在某一个地区畅销,麻辣风味的海带丝是将肉味和海带的风味结合在一起,形成独到的典型麻辣新风味。

第十二节　麻辣杏鲍菇生产新技术

目前杏鲍菇种植极多,如何深度加工才,尤其是休闲和菜品方面的开发至关重要,我们通过多年研究特提供相关加工配方技术,以便为一些企业服务。杏鲍菇香辣休闲化比山椒风味优势明显,如何入味是当前市场上的产品面临的问题。

一、麻辣杏鲍菇生产工艺流程

杏鲍菇→清理→保鲜→切分→熟制→调味→包装→高温杀菌→检验→喷码→检查→装箱→封箱→加盖生产合格证→入库

二、麻辣杏鲍菇生产技术要点

1.杏鲍菇清理

将杏鲍菇清理干净,采用人工清理即可。

2.保鲜

采用现有的保鲜技术进行保鲜,也可以直接使用新鲜的杏鲍菇来加工。

3.切分

可以切成片或者丝,便于食用和调味。

4.熟制

采用炒制或者煮熟即可,让杏鲍菇达到可以直接食用的程度。

5.麻辣调味

将所有调味原料与杏鲍菇充分混合均匀,使麻辣调味原料被杏鲍菇充分吸收。

6.包装

使用真空包装,也可以采用瓶装,因为包装形式不一样,杀菌方式稍作调整。

7.高温杀菌

通常采用水浴杀菌,建议采用 95 摄氏度杀菌 12 分钟。

三、麻辣杏鲍菇生产配方

1.山椒杏鲍菇配方

原料	生产配方/kg	原料	生产配方/kg
杏鲍菇片	17.6	天然辣椒提取物	0.012(12g)
鸡肉香料	0.1	山梨酸钾	按照国家相关标准添加
野山椒	2.5	脱氢乙酸钠	按照国家相关标准添加
缓释肉粉	0.2	复合酸味配料	0.1
谷氨酸钠	0.2	野山椒提取物	0.01(10g)
I + G	0.01(10g)		

具有山椒风味的杏鲍菇,是新品种的杏鲍菇口味。

2.糊辣椒味杏鲍菇配方

原料	生产配方/kg	原料	生产配方/kg
杏鲍菇片	18.1	I + G	0.01(10g)
糊辣椒香料	0.1	天然辣椒提取物	0.012(12g)
辣椒红色素	0.05(50g)	山梨酸钾	按照国家相关标准添加
糊辣椒	2.1	脱氢乙酸钠	按照国家相关标准添加
野山椒泥	2.6	复合酸味配料	0.1
缓释肉粉	0.2	糊辣椒提取物	0.01(10g)
谷氨酸钠	0.2		

具有畅销糊辣椒风味和口感,是流行杏鲍菇创新口味之一。

3.香辣杏鲍菇配方

原料	生产配方/kg	原料	生产配方/kg
杏鲍菇片	100	辣椒油	2.5
辣椒香味提取物	0.002(2g)	I + G	0.04(40g)
强化香味天然香料	0.05(50g)	乙基麦芽酚	0.02(20g)
麻辣油	0.1	水溶辣椒提取物	0.4
谷氨酸钠	0.9	白砂糖	2.3
食盐	3.5	麻辣原料	0.02(20g)
缓释肉粉	0.5	辣椒红色素	适量
柠檬酸	0.2	山梨酸钾	按照国家相关标准添加

具有香辣特殊口感和滋味,是市场上常见的杏鲍菇配方,与其他产品最大的区别是缓释释放风味肉粉的应用。

4.麻辣杏鲍菇配方

原料	生产配方/kg	原料	生产配方/kg
食用油	5.2	白砂糖	1.3
麻辣油	0.3	辣椒香味提取物	0.05(50g)
鲜花椒提取物	0.1	水溶辣椒提取物	0.2
辣椒香味提取物	0.04(40g)	缓释肉粉	0.2

续表

原料	生产配方/kg	原料	生产配方/kg
杏鲍菇片	80	辣椒红色素150E	0.01(10g)
辣椒	2.5	食盐	3.3
谷氨酸钠	5		

具有麻辣风味特征,麻辣适中,稍加改变即可得到数十种口味的杏鲍菇配方。

5.剁椒杏鲍菇配方

原料	生产配方/kg	原料	生产配方/kg
食用油	4.8	白砂糖	1.2
麻辣油	0.2	辣椒香味提取物	0.05(50g)
花椒提取物	0.1	水溶辣椒提取物	0.15
辣椒香味提取物	0.04(40g)	缓释肉粉	0.4
杏鲍菇片	86	辣椒红色素150E	0.01(10g)
剁辣椒	4.6	食盐	3.2
谷氨酸钠	5.1		

具有剁椒风味的杏鲍菇片,是杏鲍菇休闲化的创新风味,也是风味多元化之趋势。

四、麻辣杏鲍菇生产注意事项

市场上的杏鲍菇系列产品很多,可是味道好的并不多,主要原因是生产环节中过度追求生产成本控制,而在生产量极低的情况下不可能生产出高品质的产品,唯一的办法就是做好产品批量化后依靠消费者认可来扩大生产规模从而降低生产成本,很多的企业都在这个环节出现问题,生产成本极高而销售价格极低。

第十三节 麻辣雪菜生产技术

把雪菜做成香辣口味必将出奇制胜,持久的辣味是雪菜能在休闲蔬菜类立足的关键。

一、麻辣雪菜生产工艺流程

雪菜→清理→保鲜→脱盐→切细→炒制→调味→包装→高温杀菌→检验→喷码→检查→装箱→封箱→加盖生产合格证→入库

二、麻辣雪菜生产技术要点

1.雪菜清理

将雪菜清理干净,便于进一步加工,如泥沙和石子等异物的取出,这是做食品基本的细节处理,也是必需的加工环节。

2.保鲜

采用盐腌保鲜,也可以直接将雪菜脱掉部分水分直接加工,这两者区别是调味时食盐的用量有所区别,配方里面添加或者不添加食盐。

3.脱盐

将腌制过的雪菜中多余的食盐脱掉,这样便于直接食用。

4.切细

将雪菜切细成为丝状,一方面便于调味,另一方面便于食用。

5.炒制

炒制便于雪菜入味,是调味必不可少的加工环节,也可以不需要炒制直接调味。

6.麻辣调味

将雪菜丝和麻辣调味原料充分混合均匀,这样做出的雪菜才是标准化的味道。

7.包装

采用抽真空包装。

8.高温杀菌

采用水浴巴氏杀菌即可,若不添加防腐剂,可采用高温高压杀菌,通常建议90 摄氏度杀菌10 分钟。

三、麻辣雪菜生产配方

1.香辣雪菜配方

原料	生产配方/kg	原料	生产配方/kg
雪菜丝	15	天然辣椒提取物	0.01(10g)
天然香辣油	0.2	山梨酸钾	按照国家相关标准添加
辣椒红色素	适量	脱氢乙酸钠	按照国家相关标准添加
山椒泥(含水)	2	柠檬酸	0.0003(0.3g)
缓释肉粉	0.005(5g)	脱皮白芝麻	2
谷氨酸钠	0.2	山椒提取物	0.0003(0.3g)
I+G	0.01(10g)		

具有香辣口感和滋味,辣味纯正持久。调味时根据雪菜丝的咸度酌情添加或者不添加食盐。

2.麻辣雪菜配方

原料	生产配方/kg	原料	生产配方/kg
雪菜丝	100	乙基麦芽酚	0.02(20g)
谷氨酸钠	0.9	水溶辣椒提取物	0.3
麻辣油	0.5	白砂糖	2.3
缓释肉粉	0.5	鲜花椒提取物	0.02(20g)
柠檬酸	0.2	辣椒香精	0.002(2g)
辣椒油	3.2	辣椒红色素	适量
脱皮白芝麻	0.3	山梨酸钾	按照国家相关标准添加
I+G	0.04(40g)	品质改良配料	按照国家相关标准添加
熟花生仁	2.1		

麻辣特征明显。

3.酱香雪菜配方

原料	生产配方/kg	原料	生产配方/kg
雪菜丝	100	熟花生仁	2.1
谷氨酸钠	0.9	乙基麦芽酚	0.02(20g)

续表

原料	生产配方/kg	原料	生产配方/kg
麻辣油	0.1	水溶辣椒提取物	0.1
缓释肉粉	0.5	白砂糖	2.3
柠檬酸	0.2	酱香风味提取物	0.02(20g)
脱皮白芝麻	0.3	酱香香料	0.002(2g)
I+G	0.04(40g)	山梨酸钾	按照国家相关标准添加

具有地道酱香风味和口感。

4.独特麻辣雪菜配方

原料	生产配方/kg	原料	生产配方/kg
食用油	9	鸡粉	0.2
雪菜丝	79.5	辣椒红色素150E	0.01(10g)
辣椒	2.3	辣椒天然香味物质	0.001(1g)
谷氨酸钠	5	食盐	3
白砂糖	1	山梨酸钾	按照国家相关标准添加
水溶辣椒提取物	0.14		

辣椒口感特殊、香味自然持久,是纯天然风味化产品。

我们不断优化雪菜这一特色产品,使其走进消费者的视角,让美味的雪菜产品先送给消费者吃,消费者乐于接受之后再上市销售,这样便于更加有效地进行雪菜生产技术研究。

第十四节 麻辣橄榄菜生产技术

麻辣橄榄菜可做成美味健康的菜品或者休闲小菜,我们根据市场需求总结的一套新兴调味技术,目前在多个企业推广使用。橄榄菜休闲化体现在麻辣、香辣、烧烤三方面,山椒风味较一般。

一、麻辣橄榄菜生产工艺流程

橄榄菜→清理→切细→炒制或者熟制→调味→包装→高温杀菌→检验→喷码→检查→装箱→封箱→加盖生产合格证→入库

二、麻辣橄榄菜生产技术要点

1.橄榄菜清理

将橄榄菜清理干净,尤其是杂质和异物。

2.切细

将橄榄菜清洗干净无异味,再进行切细。

3.炒制

将橄榄菜炒熟至可食用为止。

4.麻辣调味

按照配方比例添加麻辣调味原料,使麻辣调味料和橄榄菜充分混合均匀,一方面橄榄菜入味效果好,再一方面是橄榄菜口感较佳,这就是对橄榄菜麻辣调味的目的。

5.包装

采用真空包装的袋装或者瓶装均可。

6.高温杀菌

根据需要采用水浴杀菌,调整适合的温度杀菌,也可做到不添加防腐剂同时改变杀菌条件。通常采用 90 摄氏度杀菌 12 分钟。

三、麻辣橄榄菜生产配方

1.麻辣橄榄菜配方 1

原料	生产配方/kg	原料	生产配方/kg
橄榄菜	15.6	天然辣椒提取物	0.012(12g)
香辣油	0.2	山梨酸钾	按照国家相关标准添加
山椒泥	2.1	脱氢乙酸钠	按照国家相关标准添加
缓释肉粉	0.1	柠檬酸	0.1
谷氨酸钠	0.2	香辣提取物	0.01(10g)
I + G	0.01(10g)		

香辣风味特征的橄榄菜产品。

2.麻辣橄榄菜配方2

原料	生产配方/kg	原料	生产配方/kg
橄榄菜	15.6	天然辣椒提取物	0.012(12g)
麻辣油	0.2	山梨酸钾	按照国家相关标准添加
山椒泥	2.6	脱氢乙酸钠	按照国家相关标准添加
缓释肉粉	0.1	柠檬酸	0.1
谷氨酸钠	0.2	辣椒提取物	0.01(10g)
I+G	0.01(10g)		

麻辣风味的橄榄菜产品。

3.麻辣橄榄菜配方3

原料	生产配方/kg	原料	生产配方/kg
香辣油	0.1	乙基麦芽酚	0.02(20g)
橄榄菜	100	水溶辣椒提取物	0.3
谷氨酸钠	0.9	白砂糖	2.3
食盐	3.5	麻辣原料	0.02(20g)
缓释肉粉	0.5	辣椒香精	0.002(2g)
柠檬酸	0.2	辣椒红色素	适量
辣椒油	3.2	山梨酸钾	按照国家相关标准添加
I+G	0.04(40g)	品质改良配料	按照国家相关标准添加

辣椒油为特别制作的不含辣椒的油,便于调味。

4.独特麻辣橄榄菜配方

原料	生产配方/kg	原料	生产配方/kg
食用油	9	水溶辣椒提取物	0.14
麻辣花椒油提取物	0.1	缓释肉粉	0.2
橄榄菜	79.5	辣椒红色素150E	0.01(10g)
辣椒	2.3	香辣天然香味物质	0.001(1g)
谷氨酸钠	5	食盐	3
白砂糖	1	品质改良配料	按照国家相关标准添加

5.麻辣橄榄菜配方4

原料	生产配方/kg	原料	生产配方/kg
鲜花椒	0.2	水溶辣椒提取物	0.14
食用油	9	缓释味肉粉	0.2
麻辣风味提取物	0.1	辣椒红色素150E	0.01(10g)
橄榄菜	79.5	麻辣天然香味物质	0.001(1g)
辣椒	2.3	食盐	3
谷氨酸钠	5	品质改良配料	按照国家相关标准添加
白砂糖	1		

第十五节　麻辣豆芽生产新技术

豆芽作为高品质的呈味食物,将其作为高品质休闲食品有广阔的市场,我们多年来研究一套入味效果好、成本低的调味技术,仅作为参考借鉴。

一、麻辣豆芽生产工艺流程

豆芽→整理、清理→杀青→脱水→腌制→调味→包装→杀菌→检验→喷码→检查→装箱→封箱→加盖生产合格证→入库

二、麻辣豆芽生产技术要点

1.豆芽清理

去除不良色泽的豆芽、烂豆芽、豆芽皮和杂物,保持豆芽的状态清洁,清香的豆香味纯正,无异味。

2.杀青

将豆芽放入沸水中煮制5分钟,使其充分释放其中的水分。

3.脱水

将豆芽中的水分脱出,在水极少的情况下进行调味。

4.腌制

根据配方将部分原料腌制,使其入味,这是使豆芽具有基础风味的前提。

5.麻辣调味

这是形成特殊麻辣风味的关键,相关原料必须按照配方执行。

6.包装

采用真空包装,形成休闲菜品的包装形式。如果做成瓶装或者非休闲菜品也可以采用别的包装方式。

7.杀菌

采用水浴90摄氏度杀菌15分钟。

麻辣豆芽调味目的在于开发休闲化豆芽食品的同时诞生类似"香辣金针菇"这样一枝独秀的麻辣豆芽,其次是不断提高农副产品深加工的增值空间和消费需求的增值趋势。

三、麻辣豆芽生产配方

1.麻辣豆芽配方1

原料	生产配方/kg	原料	生产配方/kg
煮熟后的豆芽（脱水之后）	100	豆芽专用辣椒提取物	0.3
谷氨酸钠	0.9	白砂糖	2.2
食盐	3.5	麻辣专用调料	0.02(20g)
缓释肉粉	0.2	辣椒香精	0.002(2g)
复合酸味配料	0.1	辣椒色专用提取物	0.002(2g)
复合辣椒油	5	复合抗氧化配料	按照国家相关标准添加
I＋G	0.04(40g)	复合防腐配料	按照国家相关标准添加
天然增香粉	0.02(20g)		

麻味较协调,尤其是高温杀菌之后口感极佳。

2.清香麻辣豆芽配方

原料	生产配方/kg	原料	生产配方/kg
煮熟后的豆芽（脱水之后）	100	天然增香粉	0.02(20g)
鲜花椒提取物	0.05(50g)	豆芽专用辣椒提取物	0.3
木姜子提取物	0.05(50g)	白砂糖	2.2

原料	生产配方/kg	原料	生产配方/kg
谷氨酸钠	0.9	麻辣专用调料	0.02(20g)
食盐	3.5	辣椒香精	0.002(2g)
缓释肉粉	0.2	辣椒色专用提取物	0.002(2g)
复合酸味配料	0.1	复合抗氧化配料	按照国家相关标准添加
复合辣椒油	5	复合防腐配料	按照国家相关标准添加
I+G	0.04(40g)		

3.麻辣豆芽配方2

原料	生产配方/kg	原料	生产配方/kg
煮熟后的豆芽（脱水之后）	100	天然增香粉	0.02(20g)
香辣油	0.3	豆芽专用辣椒提取物	0.3
谷氨酸钠	0.9	白砂糖	2.2
食盐	3.5	麻辣专用调料	0.02(20g)
缓释肉粉	0.2	辣椒香精	0.002(2g)
复合酸味配料	0.1	辣椒色专用提取物	0.002(2g)
复合香辛辣椒油	5	复合抗氧化配料	按照国家相关标准添加
I+G	0.04(40g)	复合防腐配料	按照国家相关标准添加

4.麻辣豆芽配方3

原料	生产配方/kg	原料	生产配方/kg
鲜花椒提取物	0.06(60g)	天然增香粉	0.02(20g)
煮熟后的豆芽（脱水之后）	100	豆芽专用辣椒提取物	0.3
谷氨酸钠	0.9	白砂糖	2.2
食盐	3.5	麻辣专用调料	0.02(20g)
缓释肉粉	0.2	辣椒香料	0.002(2g)
复合酸味配料	0.1	辣椒色专用提取物	0.002(2g)
复合香辛辣椒油	5	复合抗氧化配料	按照国家相关标准添加
I+G	0.04(40g)	复合防腐配料	按照国家相关标准添加

根据以上配方除可以制作麻辣味以外,还可以同样生产山椒味、泡椒味、牛肉味、香辣味、双椒味、剁椒味、鸡肉味等多种豆芽休闲制品。

5.麻辣豆芽配方4

原料	生产配方/kg	原料	生产配方/kg
煮熟后的豆芽（脱水之后）	100	水溶辣椒提取物	0.3
谷氨酸钠	0.9	白砂糖	2.3
食盐	3.5	麻辣专用调料	0.02(20g)
缓释肉粉	0.5	辣椒香精	0.002(2g)
柠檬酸	0.2	辣椒红色素	适量
辣椒油	3.2	山梨酸钾	按照国家相关标准添加
I+G	0.04(40g)	品质改良配料	按照国家相关标准添加
乙基麦芽酚	0.02(20g)		

甜酸口感适中,适合大多数消费者选用。

6.麻辣豆芽配方5

原料	生产配方/kg	原料	生产配方/kg
食用油	9	缓释肉粉	0.2
煮熟后的豆芽（脱水之后）	79.5	辣椒红色素150E	0.01(10g)
辣椒	2.3	辣椒天然香味物质	0.001(1g)
谷氨酸钠	5	食盐	3
白砂糖	1	山梨酸钾	按照国家相关标准添加
水溶辣椒提取物	0.14	品质改良配料	按照国家相关标准添加

香辣风味独特,辣椒可直接吃而不辣。

7.青辣椒香麻辣豆芽配方

原料	生产配方/kg	原料	生产配方/kg
食用油	9	水溶辣椒提取物	0.14
青辣椒提取物	0.1	缓释肉粉	0.2
煮熟后的豆芽（脱水之后）	79.5	辣椒红色素150E	0.01(10g)

原料	生产配方/kg	原料	生产配方/kg
辣椒	2.3	青辣椒香味物质	0.001(1g)
谷氨酸钠	5	食盐	3
白砂糖	1	山梨酸钾	按照国家相关标准添加

具有青辣椒香味的豆芽产品。

8.糊辣椒香麻辣豆芽配方

原料	生产配方/kg	原料	生产配方/kg
食用油	9	缓释肉粉	0.2
糊辣椒香味提取物	0.1	辣椒红色素150E	0.01(10g)
煮熟后的豆芽（脱水之后）	79.5	糊辣椒粉	2.2
天然鲜味调料	0.5	食盐	3
谷氨酸钠	5	山梨酸钾	按照国家相关标准添加
白砂糖	1	天然增香配料	0.02(20g)
水溶辣椒提取物	0.14		

这些麻辣豆芽生产技术是我们不断总结调味经验的结果,非常适合生产创新豆芽风味产品的企业借鉴。

第十六节　麻辣黄瓜生产技术

黄瓜食品深度开发具有非常重要的意义,当前很多黄瓜食品咸味较重,保质期较短,色泽较差,我们根据这一现状,特别介绍黄瓜生产技术。

一、麻辣黄瓜生产工艺流程

黄瓜→清理→腌制→切分→炒制或者不炒制→调味→包装→高温杀菌→检验→喷码→检查→装箱→封箱→加盖生产合格证→入库

二、麻辣黄瓜生产技术要点

1.黄瓜清理

清理黄瓜是为了更好地加工,去除黄瓜两端不能食用的部分。

2.腌制

采用传统的盐腌方式,便于长时间存放。也可以将黄瓜晾至半干,脱掉部分水分再进行腌制。

3.切分

将腌制后的黄瓜切成丝、条或者丁状。

4.炒制

炒制或者不需要炒制均可以调味。

5.麻辣调味

将麻辣调味原料与黄瓜混合均匀即可实现调味原料渗透到黄瓜之中。

6.包装

采用瓶装或者袋装,也可以散装销售。

7.高温杀菌

采用巴氏水浴杀菌 90 摄氏度 9 分钟,注意控制杀菌之后的黄瓜的成型和脆度。杀菌之后立即冷却效果较好。

三、麻辣黄瓜生产配方

1.麻辣黄瓜配方 1

原料	生产配方/kg	原料	生产配方/kg
食用油	2.5	谷氨酸钠	5
香辣油	0.3	白砂糖	1.3
鲜花椒提取物	0.1	水溶辣椒提取物	0.2
辣椒香味提取物	0.04(40g)	缓释肉粉	0.2
黄瓜	79	辣椒红色素 150E	0.01(10g)
辣椒	2.5		

具有香辣风味特征和滋味。

2.麻辣黄瓜配方2

原料	生产配方/kg	原料	生产配方/kg
食用油	1.3	谷氨酸钠	5
麻辣油	0.3	白砂糖	1.3
鲜花椒提取物	0.4	水溶辣椒提取物	0.2
辣椒香味提取物	0.04(40g)	缓释肉粉	0.2
黄瓜	82	辣椒红色素150E	0.01(10g)
辣椒	2.5		

具有麻辣特殊风味和口感。

3.地道麻辣黄瓜配方

原料	生产配方/kg	原料	生产配方/kg
黄瓜	1000	乙基麦芽酚	0.2
食盐	15	增香香料	0.02(20g)
谷氨酸钠	9	I+G	0.05(50g)
缓释肉粉	5	复合氨基酸	0.5
柠檬酸	0.5	品质改良剂	按照国家相关标准添加
辣椒提取物	1.5	口感调节剂	按照国家相关标准添加
黑胡椒粉	1.5	辣椒香精	0.0006(0.6g)
辣椒油	200	山梨酸钾	按照国家相关标准添加
水溶辣椒提取物	3	白糖	2.1
水解植物蛋白粉	0.05(50g)	青花椒提取物	2

麻辣风味突出,适合西南地区麻辣习惯消费群体,是流行的麻辣风味典范。

4.剁椒麻辣黄瓜配方

原料	生产配方/kg	原料	生产配方/kg
黄瓜	1000	乙基麦芽酚	0.2
食盐	15	增香香料	0.02(20g)
谷氨酸钠	9	I+G	0.05(50g)
缓释肉粉	5	复合氨基酸	0.5
柠檬酸	0.5	品质改良剂	按照国家相关标准添加

续表

原料	生产配方/kg	原料	生产配方/kg
辣椒提取物	1.5	口感调节剂	按照国家相关标准添加
黑胡椒粉	1.5	辣椒香精	0.0006(0.6g)
剁椒	200	山梨酸钾	按照国家相关标准添加
水溶辣椒提取物	3	白糖	2.1
水解植物蛋白粉	0.05(50g)	青花椒提取物	2

剁椒风味突出,适合西南地区麻辣习惯消费群体,是流行的麻辣风味典范。稍加改变即可得到数十种口味的黄瓜产品。

以上生产技术在调味基础上急冻即可保持黄瓜脆度,这是我们多年研究之后总结的结论,存放期间不需要冷冻仅需要冷藏。

第十七节　麻辣豌豆生产技术

一、麻辣豌豆生产工艺流程

1.麻辣泡制豌豆食品生产工艺

豌豆→浸泡→蒸煮或者炒制→调味→包装→杀菌→检验→喷码→检查→装箱→封箱→加盖生产合格证→入库

2.麻辣豌豆调味料生产工艺

豌豆→砂炒→上糖浆→调味→包装→休闲豌豆小吃→检验→喷码→检查→装箱→封箱→加盖生产合格证→入库

二、麻辣豌豆生产技术要点

1.豌豆浸泡

因为豌豆的组织比较硬,需要经过长时间浸泡才能让其味道入味。尤其是豌豆的味道复合肉味成为比较理想的口感。再就是将豌豆和鸡肉炒至成为休闲小吃的做法,成品具有豌豆和鸡肉结合而成的完美味道。

2.蒸煮或者炒制

蒸煮便于风味化物质渗透到豌豆之中去,这便于缓释释放风味技术的充分体现。炒制便于豌豆和肉类风味的有机结合,这是创新休闲豌豆小食品的关键技术环节。

3.麻辣调味

麻辣调味根据豌豆系列产品的不同而不同,煮熟型是麻辣调味料与豌豆充分混合吸收,炒制型是豌豆和肉类吸收麻辣调味料的结果,糖浆型则是外撒复合调味料,这三者是有一定区别的。

4.包装

根据不同的加工包装方式不同,煮熟型和炒制型采用抽真空包装,而糖浆型采用普通包装或者更好的充气包装。

5.杀菌

蒸煮型和炒制型豌豆休闲食品采用高温高压杀菌,最佳为可不添加防腐剂的 121 摄氏度杀菌 20 分钟。

6.砂炒

砂炒的目的是将豌豆炒成极其酥化的程度,吃起来口感较好。

7.上糖浆

上糖浆是为了改变豌豆的口感,是休闲豌豆的优化环节之一,也可以不上糖浆直接调味后食用。

三、麻辣豌豆生产配方

1.山椒味豌豆配方

原料	生产配方/kg	原料	生产配方/kg
煮熟的豌豆	16	耐高温天然辣椒提取物	0.01(10g)
食盐	0.3	山梨酸钾	按照国家相关标准添加
野山椒(含水)	2	脱氢乙酸钠	按照国家相关标准添加
缓释肉粉	0.1	耐高温野山椒提取物	0.1
谷氨酸钠	0.2	野山椒风味强化香料	0.11
I + G	0.01(10g)		

具有山椒风味特色的休闲调味豌豆产品,是创新调味的新元素,也是流行风味的创举。

2.麻辣味豌豆配方 1

原料	生产配方/kg	原料	生产配方/kg
耐高温麻辣味油	0.2	I＋G	0.01（10g）
煮熟的豌豆	16	耐高温天然辣椒提取物	0.01（10g）
食盐	0.3	山梨酸钾	按照国家相关标准添加
野山椒泥（含水）	2	脱氢乙酸钠	按照国家相关标准添加
缓释肉粉	0.1	耐高温保鲜青花椒风味提取物	0.1
谷氨酸钠	0.2	麻辣强化天然香料提取物	0.05（50g）

具有麻辣特色风味。

3.五香味豌豆配方

原料	生产配方/kg	原料	生产配方/kg
耐高温麻辣油	0.1	谷氨酸钠	0.2
煮熟的豌豆	16	I＋G	0.01（10g）
食盐	0.3	耐高温天然辣椒提取物	0.01（10g）
野山椒泥（含水）	2	耐高温五香复合风味提取物	0.1
缓释肉粉	0.1	强化天然香料提取物	0.05（50g）

特色记忆中的五香风味。

4.麻辣味豌豆配方 2

原料	生产配方/kg	原料	生产配方/kg
耐高温麻辣油	0.2	谷氨酸钠	0.2
煮熟的豌豆	16	I＋G	0.01（10g）
食盐	0.3	耐高温天然辣椒提取物	0.01（10g）
野山椒泥（含水）	2	保鲜青花椒提取物	0.1
缓释肉粉	0.1	强化天然香料提取物	0.05（50g）

5.麻辣味豌豆配方3

原料	生产配方/kg	原料	生产配方/kg
增鲜配料	0.6	强化厚味鸡肉粉	8
增香香料	0.03（30g）	黑胡椒粉	0.3
食盐粉	32	酱油粉	1.6
酱香牛肉膏	1	洋葱粉	3
清香型青花椒树脂精油	0.02（20g）	酱香烤牛肉香料	0.2
谷氨酸钠粉	16	朝天椒辣椒粉	12
I+G	0.4	食用抗结配料	0.2
干贝素	0.3	热反应鸡肉粉	4
葱白粉	8	青花椒粉	1.2
甜味剂	0.2		

6.香辣味豌豆配方

原料	生产配方/kg	原料	生产配方/kg
煮熟的豌豆	100	乙基麦芽酚	0.02（20g）
谷氨酸钠	0.9	水溶辣椒提取物	0.3
食盐	3.5	白砂糖	2.3
缓释肉粉	0.5	耐高温麻辣调料	0.02（20g）
柠檬酸	0.2	辣椒香料	0.002（2g）
辣椒油	3.2	辣椒红色素	适量
I+G	0.04（40g）		

香辣风味特点明显。

豌豆由于组织比较坚硬，采用泥砂炒制使其酥脆、可口，再通过糖浆、调味料的复合调味，使其成为别具一格的休闲食品。调味过程与兰花豆调味一致，调味料也可采用兰花豆专用调味料。生产过程中实现无防腐剂高温杀菌使豌豆休闲化更安全。

第十八节 麻辣香椿芽精深加工技术

对于香椿这一特殊天然植物,如何实现工业化、规范化、标准化生产是实现高品质植物资源深加工的目的,我们经过多年研究特提供相关技术作参考,在业界多做尝试和探讨,让消费者吃到美味的香椿系列产品。椿芽的休闲化是稀有菜肴休闲化的体现,香辣特征备受关注,尤其是采用云贵高原独特香椿做成的产品。

一、麻辣香椿芽生产工艺流程

香椿→清理→保鲜或者不保鲜→切细→炒制或者熟制→调味→包装→高温杀菌→检验→喷码→检查→装箱→封箱→加盖生产合格证→入库

二、麻辣香椿芽生产技术要点

1.香椿清理

采集的香椿原料需要经过修整才能成为可食用的原材料。南方通常只食用春天的椿芽,而北方很多地方常年均可食用。科学合理利用自然资源非常关键,可以将整个季节的椿芽作为食物的原材料。

2.保鲜

采用现有的保鲜技术处理成批的椿芽,备用。

3.切细

将香椿切细以便更好地食用和调味,根据常规食用习惯切成大小一致的香椿段。

4.炒制或者熟制

炒制或者熟制到香椿可以直接食用为止,同时便于更好地调味。

5.麻辣调味

将麻辣调味原料与熟制后的香椿混合均匀,让香椿充分吸收麻辣调味原料,达到麻辣调味的目的。

6.包装

采用真空包装的袋装或者玻璃瓶装。

7.高温杀菌

采用蔬菜使用的巴氏杀菌即可,尽可能采用90摄氏度杀菌12分钟。

三、麻辣香椿芽生产配方

1. 香辣香椿配方

原料	生产配方/kg	原料	生产配方/kg
食用油	6.1	白砂糖	1.2
香辣油	0.2	辣椒香味提取物	0.05(50g)
花椒提取物	0.1	水溶辣椒提取物	0.16
辣椒香味提取物	0.05(50g)	缓释肉粉	0.2
香椿芽	82	辣椒红色素150E	0.01(10g)
辣椒	2.3	食盐	3.4
谷氨酸钠	5.3		

具有香辣风味的香椿小菜特点,有多种食用方法。

2. 麻辣香椿配方1

原料	生产配方/kg	原料	生产配方/kg
食用油	12	白砂糖	1.2
麻辣油	0.4	辣椒香味提取物	0.05(50g)
花椒提取物	0.1	水溶辣椒提取物	0.11
辣椒香味提取物	0.04(40g)	缓释肉粉	0.3
香椿芽	87	辣椒红色素150E	0.01(10g)
辣椒	2.3	食盐	3.1
谷氨酸钠	5.6		

具有麻辣风味特点和滋味。

3. 麻辣香椿配方2

原料	生产配方/kg	原料	生产配方/kg
食用油	3.5	谷氨酸钠	4.2
麻辣油	0.4	白砂糖	1.6
花椒提取物	0.02(20g)	辣椒香味提取物	0.01(10g)
香椿香味提取物	0.04(40g)	水溶辣椒提取物	0.005(5g)

原料	生产配方/kg	原料	生产配方/kg
香椿芽	80	缓释肉粉	0.11
辣椒	0.3	辣椒红色素150E	0.0023(2.3g)
食盐	3.3		

具有香椿本味,稍加改变即可得到多种流行风味。

4. 麻辣香椿配方3

原料	生产配方/kg	原料	生产配方/kg
天然辣味香辛料	0.2	缓释肉粉	0.5
黑胡椒粉	0.2	柠檬酸	0.2
浓缩增鲜调料	0.02(20g)	辣椒油	3.5
脱皮白芝麻	2.3	I+G	0.04(40g)
香椿芽	100	乙基麦芽酚	0.02(20g)
辣椒香味提取物	0.002(2g)	水溶辣椒提取物	0.3
强化香味香料	0.05(50g)	白砂糖	2.3
香辣油	0.1	麻辣调料	0.02(20g)
谷氨酸钠	0.9	辣椒红色素	适量
食盐	3.5	山梨酸钾	按照国家相关标准添加

具有独特的辣味口感和延长的风味,这是区别于其他香椿芽产品的地方。

5. 麻辣香椿配方4

原料	生产配方/kg	原料	生产配方/kg
麻辣香味提取物	0.02(20g)	辣椒油	4.5
脱皮白芝麻	4.2	I+G	0.04(40g)
香椿芽	100	乙基麦芽酚	0.02(20g)
辣椒香味提取物	0.002(2g)	水溶辣椒提取物	0.4
强化香味香料	0.05(50g)	白砂糖	2.3
谷氨酸钠	0.9	麻辣专用调料	0.02(20g)
食盐	3.5	辣椒红色素	适量
缓释肉粉	0.5	山梨酸钾	按照国家相关标准添加
柠檬酸	0.2		

麻辣特征明显,稍加改变即可得到数十种口味的系列产品,便于香椿芽产品工业化。

四、麻辣香椿芽生产注意事项

香椿芽系列产品目前市场上已有部分,有些添加系列肉类的瓶装产品销路受限,建议采用菜品方式推向市场,消费者认可才大批量推广,这样有利于产业的快速发展。针对香椿芽季节性强的特点,目前市场上应用的保鲜技术出类拔萃,解决香椿芽的储存没有任何困难。

第十九节　麻辣手撕牛肉生产技术

一、麻辣手撕牛肉生产工艺流程

牛肉→清理→分割→腌制→烤制→蒸煮→调味→包装→高温杀菌→检验→喷码→检查→装箱→封箱→加盖生产合格证→入库

二、麻辣手撕牛肉生产技术要点

1. 牛肉清理

将牛肉清理干净,尤其是杂质和异物,便于后续环节的加工。

2. 分割

将牛肉分割成为容易腌制的形状。

3. 腌制

腌制需要加入特殊的香辛料,这样腌制的牛肉才附有很好的味道,尤其是比较独到的香原料,一般腌制时间控制在一周之内即可,根据腌制的情况进行烤制,腌制的湿度、温度、咸度等均根据需要做相关限制。

4. 烤制

采用烤箱或者其他烤制设备进行烤制,要求受热均匀,设定相应的温度。如90 摄氏度烤制 15 小时等。

5. 蒸煮

一般为开水 30 分钟左右,以便于更好地调味。高品质的手撕牛肉对煮制也有严格的要求。

6. 麻辣调味

麻辣调味之前可以切分,也可以不切分,根据需要进行处理。按照配方比例添加麻辣调味原料,使麻辣调味料和牛肉充分混合均匀达到麻辣调味的目的。

7. 包装

采用真空包装袋装。

8. 高温杀菌

根据需要采用高温杀菌,调整适合的温度杀菌,也可做到不添加防腐剂同时改变杀菌条件。通常采用100摄氏度杀菌35分钟。

三、麻辣手撕牛肉生产配方

1. 麻辣手撕牛肉配方1

原料	生产配方/kg	原料	生产配方/kg
手撕牛肉	18	I+G	0.01(10g)
香辣油	0.2	天然辣椒提取物	0.012(12g)
山椒泥	1.2	山梨酸钾	按照国家相关标准添加
缓释肉粉	0.1	香辣香味提取物	0.01(10g)
谷氨酸钠	0.2		

2. 麻辣手撕牛肉配方2

原料	生产配方/kg	原料	生产配方/kg
手撕牛肉	16	I+G	0.01(10g)
麻辣油	0.2	天然辣椒提取物	0.012(12g)
山椒泥	0.5	山梨酸钾	按照国家相关标准添加
缓释肉粉	0.1	辣椒香味提取物	0.01(10g)
谷氨酸钠	0.2		

3. 麻辣手撕牛肉配方3

原料	生产配方/kg	原料	生产配方/kg
香辣油	0.1	水溶辣椒提取物	0.3
手撕牛肉	100	白砂糖	2.3
谷氨酸钠	0.9	麻辣调料	0.02(20g)
缓释肉粉	0.5	辣椒香精	0.002(2g)

续表

原料	生产配方/kg	原料	生产配方/kg
辣椒油	1.2	辣椒红色素	适量
I + G	0.04(40g)	山梨酸钾	按照国家相关标准添加
乙基麦芽酚	0.02(20g)	品质改良配料	按照国家相关标准添加

手撕牛肉麻辣风味特征明显,回味持久、辣味自然柔和。麻辣手撕牛肉流行多年,优秀的味道呈现是麻辣手撕牛肉被消费者认可的关键。

第二十节　麻辣魔芋食品生产技术

一、魔芋丝麻辣调味秘谈

魔芋的学名是蒟蒻,又称蒟蒻芋,俗称魔芋、雷公枪、莐蒻,中国古代又称妖芋,自古以来蒟蒻就有"去肠砂"之称。魔芋含有丰富的膳食纤维可以辅助降低"三高"。魔芋口感极好,很多消费者吃过魔芋都恋恋不忘,这些因素让魔芋丝不断获得市场,不断被消费者接受。

二、麻辣魔芋配方

1. 清香山椒魔芋丝配方

原料	生产配方/kg	原料	生产配方/kg
鲜青花椒提取物	0.05(50g)	谷氨酸钠	0.2
食盐	0.3	I + G	0.01(10g)
魔芋丝	20	天然辣椒提取物	0.012(12g)
鸡肉香料	0.1	复合酸味剂	0.1
野山椒	2.5	野山椒香味提取物	0.01(10g)
缓释肉粉	0.2		

具有清香山椒风味特点。

2. 香辣魔芋丝配方

原料	生产配方/kg	原料	生产配方/kg
魔芋丝	100	缓释肉粉	0.3
香辣风味香料	0.1	柠檬酸	0.2

续表

原料	生产配方/kg	原料	生产配方/kg
香辣香味提取物	0.2	I + G	0.045（45g）
辣椒香味提取物	0.002（2g）	乙基麦芽酚	0.02（20g）
强化香味香料	0.03（30g）	水溶辣椒提取物	0.2
麻辣油	0.2	白砂糖	2.1
谷氨酸钠	0.9	麻辣专用调料	0.02（20g）

缓释释放风味技术的应用让魔芋更入味。

3. 麻辣魔芋丝配方

原料	生产配方/kg	原料	生产配方/kg
魔芋丝	100	缓释肉粉	0.3
香辣香料	0.1	柠檬酸	0.2
香辣香味提取物	0.2	I + G	0.045（45g）
辣椒香味提取物	0.002（2g）	乙基麦芽酚	0.02（20g）
强化香味香料	0.03（30g）	水溶辣椒提取物	0.2
麻辣油	0.2	白砂糖	2.1
谷氨酸钠	0.9	麻辣调料	0.02（20g）

麻辣特色极其明显。

4. 番茄味魔芋丝配方

原料	生产配方/kg	原料	生产配方/kg
麻辣香辛料提取物	0.02（20g）	白砂糖	1.3
番茄专用调味酱	0.3	水溶辣椒提取物	0.1
番茄香味提取物	0.01（10g）	缓释肉粉	0.2
魔芋丝	88	甜味配料	0.3
谷氨酸钠	5		

具有特殊麻辣型番茄风味。

5. 桂花味魔芋丝配方

原料	生产配方/kg	原料	生产配方/kg
麻辣香辛料提取物	0.02(20g)	白砂糖	1.3
桂花专用调味酱	0.3	水溶辣椒提取物	0.1
桂花香味提取物	0.01(10g)	缓释肉粉	0.2
魔芋丝	88	甜味配料	0.3
谷氨酸钠	5	风味强化香辛料	0.2

具有特征性极强的麻辣型桂花风味。

6. 黑糖魔芋丝配方

原料	生产配方/kg	原料	生产配方/kg
黑糖香味提取物	0.02(20g)	水溶辣椒提取物	0.1
麻辣油	0.1	缓释肉粉	0.2
魔芋丝	88	甜味剂	0.3
谷氨酸钠	5	风味强化香辛料	0.2
白砂糖	1.3		

具有麻辣特征黑糖特殊风味。

这些都是休闲魔芋丝的新风味研发,我们不断学习大量优秀技术,不断完善魔芋产业。

第二十一节　麻辣蘑菇生产技术

一、麻辣蘑菇生产工艺

蘑菇→整理→保鲜→蒸煮→切片→调味→包装→高温杀菌→检验→喷码→检查→装箱→封箱→加盖生产合格证→入库

二、麻辣蘑菇生产技术要点

一般风味的麻辣蘑菇做起来比较容易,较好的蘑菇休闲食品生产技术要点是加工控制点。

1. 麻辣调味

将有很多风味物质的原料和蘑菇鲜香风味结合起来,如何良好地应用香辛料和香精香料,如何达到消费者的需要口味非常关键。在调味过程中要完全按照配方进行调味,原料的调味顺序、各种组分原料的多少、红油的配制是调味的关键细节。调味搅拌的时间、入味的过程也很关键。

2. 高温杀菌及防腐保鲜

合理地控制蘑菇调味食品的水分是前提。在杀菌方面,杀菌的时间和温度一定要准确,针对泡椒风味系列和野山椒风味系列采用巴氏杀菌即可。在防腐保鲜方面,采用脱氢醋酸钠和山梨酸钾进行防腐,目前市面上有的产品用的是山梨酸钾和苯甲酸钠,笔者不建议用苯甲酸钠,主张应用山梨酸钾和脱氢醋酸钠对蘑菇进行防腐处理。在清洗、保鲜、调味、杀菌、生产环境、卫生消毒等环节采用食品级消毒剂对原料蘑菇进行处理,也是非常理想的。

三、麻辣蘑菇生产配方

1. 山椒味蘑菇配方

原料	生产配方/kg	原料	生产配方/kg
鲜蘑菇片或者脱盐蘑菇片	18.6	天然辣椒提取物	0.012(12g)
鸡肉香料	0.2	山梨酸钾	按照国家相关标准添加
野山椒	2.1	脱氢乙酸钠	按照国家相关标准添加
缓释肉粉	0.1	复合酸味剂	0.1
谷氨酸钠	0.2	野山椒香味提取物	0.01(10g)
I+G	0.01(10g)		

2. 麻辣蘑菇配方

原料	生产配方/kg	原料	生产配方/kg
麻辣专用油	0.2	辣椒油	3.2
糊辣椒香味提取物	0.002(2g)	I+G	0.04(40g)
鲜蘑菇片或者脱盐蘑菇片	100	乙基麦芽酚	0.02(20g)
谷氨酸钠	0.9	水溶辣椒提取物	0.3
食盐	3.5	白砂糖	2.3
缓释肉粉	0.5	麻辣专用调料	0.02(20g)
柠檬酸	0.2	山梨酸钾	按照国家相关标准添加

3. 麻辣牛肉蘑菇配方

原料	生产配方/kg	原料	生产配方/kg
食用油	9	辣椒香味提取物	0.05(50g)
牛肉丝	12	水溶辣椒提取物	0.14
鲜蘑菇片或者脱盐蘑菇片	69	缓释肉粉	0.2
辣椒	2.3	辣椒红色素150E	0.01(10g)
谷氨酸钠	5	麻辣天然香味物质	0.001(1g)
白砂糖	1	食盐	3

4. 蘑菇鸡肉酱配方

原料	生产配方/kg	原料	生产配方/kg
食用油	9	辣椒香味提取物	0.05(50g)
鸡肉酱	12	水溶辣椒提取物	0.14
鲜蘑菇酱或者脱盐蘑菇酱	69	缓释肉粉	0.2
辣椒	2.3	辣椒红色素150E	0.01(10g)
谷氨酸钠	5	麻辣天然香味物质	0.001(1g)
白砂糖	1	食盐	3

5. 麻辣鸡肉蘑菇酱配方

原料	生产配方/kg	原料	生产配方/kg
食用油	9	白砂糖	1
麻辣专用油	0.2	辣椒香味提取物	0.05(50g)
脱皮白芝麻	2	水溶辣椒提取物	0.14
鸡肉酱	12	缓释肉粉	0.2
鲜蘑菇酱或者脱盐蘑菇酱	69	辣椒红色素150E	0.01(10g)
辣椒	2.3	麻辣天然香味物质	0.001(1g)
谷氨酸钠	5	食盐	3

具有香辣风味特色。稍加修改即可做成烧烤、牛肉、排骨、原味等数十种口味的蘑菇酱产品。

6. 麻辣蘑菇配方

原料	生产配方/kg	原料	生产配方/kg
湿蘑菇	10	油溶辣椒提取物	0.2
菌香味香料	0.01（10g）	增香香料	0.05（50g）
谷氨酸钠	0.3	山梨酸钾	按照国家相关标准添加
白砂糖	0.05（50g）	复合香辛料	0.02（20g）
剁泡辣椒	2	脱氢醋酸钠	按照国家相关标准添加
缓释肉粉	0.002（2g）	80%食用乳酸	0.02（20g）
食用增脆配料	0.001（1g）		

以上配方是适用于调制鸡腿菇、金针菇、茶树菇、香菇、松茸、牛肝菌等麻辣风味的菌类复合调味休闲食品，也可以调制成麻辣、椒麻、椒香、山椒、泡椒、香辣等多种风味的麻辣菌类休闲食品。

第二十二节　麻辣鱼调料生产技术

我们根据现有新技术应用不断推出麻辣鱼调味新技术，让麻辣味持久回旋，让麻辣味更自然醇和。

一、麻辣鱼浓缩香料的研发

采用特色专用的原料进行熬制、浓缩、馏分，得到浓度及其香味程度很高的麻辣鱼浓缩香料，使用时间较久。麻辣鱼浓缩香料熬制是将醪糟、冰糖、丁香、肉桂、八角、排草、紫草、藿香、生姜、香葱、菜籽油、豆瓣、豆豉、泡菜等复合香型调味料进行熟化，使其达到消费者需要的目的。在传统的制作基础上，根据消费者的需要将这些原料所含有风味提取为风味比较浓厚的元素，采用浓缩蒸馏，得到数量极少、风味极强的提取物，同时根据需要也可采用萃取、冷榨等技术。目前国内的香料提取技术成本较高，很多关键的技术仍在研究之中，这给浓缩香料的研发带来了很大的难度。但对于麻辣鱼浓缩香料要解决的是：使用量小、味道浓郁、同时减少食用油的量。麻辣鱼浓缩香料的研发核心在于香料之间的比例，也就是香料之间的配伍性。

二、麻辣鱼浓缩香料的应用和加工新技术

麻辣鱼浓缩香料的使用目的是提高麻辣鱼使用的香料浓缩风味、减少香料

用量、减少用油量,达到持久香料风味的同时,提高效率的利用率,改变过去香料之中大量香味要经过长时间蒸煮才能出来味道的现实。麻辣鱼浓缩香料加工的新技术有:

1.高温高压浓缩香料技术

麻辣鱼复合调味料经过高温高压处理,得到经过熟化之后的麻辣鱼浓缩香料载味体,这一技术主要是将香料在温度和压力作用下形成特殊的风味。这一技术是根据传统复合香料用于麻辣鱼调味过程,进一步标准化制作的高新技术。在香料完全复合的情形下受热均匀,风味热处理保存比较完整。

2.超临界萃取技术

由于部分香料经过浓缩没法提出,这样的香料只有经过超临界萃取将香料内的物质浸提出来,这一技术目前已经在香料界广泛应用。

3.肉味复配技术

麻辣鱼的香味和醇厚口感较一般,需要强化口感和风味,必须将一些肉味的特征复配到麻辣鱼浓缩香料中,这样才能体现麻辣鱼的特征风味。如牛肉风味和牛脂风味在麻辣鱼之中的体现,需要添加牛脂香味50倍的原料作为补充。

4.麻辣鱼浓缩香料精制技术

对于麻辣鱼底料的一些原料残渣采用过滤精制,使其成为速溶的浓缩香料。精制技术主要是将不容易溶解的一些物质去除掉,同时将这些香料的风味保存在液体的香料中。

5.复合调味平衡技术

复合调味平衡技术是实现一个风味满足一些地区消费者需要的调味技术,也体现在一些风味在某一些畅销品中的调味。目前市面上很多麻辣鱼风味不被消费者接受就是因为调味平衡方面的问题,一些消费者反应太麻、太辣,也就说明这一风味的麻或辣超出了消费者的需求。对一个麻辣鱼调味的麻、辣、鲜、香、咸、甜、醇、厚等几方面进行调味,满足一个特定区域的消费者需要的调味平衡,是诞生麻辣鱼调味精品的过程。麻辣鱼浓缩香料在调味平衡方面根据区域消费者的要求进行调配,在使用极少量的情形下即可达到消费者的需要。

6.盲测口味测试技术

盲测口味测试是对调味平衡在麻、辣、鲜、香、咸、甜、醇、厚等方面的检验,一般达到消费者认可率60%以上即为通过。盲测对麻辣鱼浓缩香料被消费者认可奠定了坚实的基础,也是判断消费者接受程度的重要手段。

应用以上这些技术即可做出一流的麻辣鱼风味,成为行业里面有代表性的风味。

第二十三节　麻辣鸭翅生产技术

麻辣鸭翅休闲食品在一些地区盛行,消费者乐于接受的具有代表性的风味麻辣鸭翅,尤其是以湖北地区为主,我们根据技术服务过程的部分记录,总结一些点滴分享如下。

一、麻辣鸭翅生产工艺流程

鸭翅→清理→卤制→调味→冷却→包装→杀菌→检验→喷码→检查→装箱→封箱→加盖生产合格证→入库

二、麻辣鸭翅生产技术要点

1. 鸭翅清理

将鸭翅解冻清理干净,尤其是杂质和异物,便于后续生产环节的操作。

2. 卤制

将鸭翅卤熟至可食用为止。

3. 麻辣调味

按照配方比例添加麻辣调味原料,使麻辣调味料和鸭翅充分混合均匀,与过去的麻辣调味的区别主要是直接将麻辣调味料和鸭翅搅拌即可,这源于缓释释放风味技术的应用,这样做的鸭翅越吃越好吃。

4. 包装

采用真空包装的袋装。

5. 辐照杀菌

采用 121 摄氏度高压杀菌 35 分钟较好。

三、麻辣鸭翅生产配方

1. 麻辣鸭翅配方

原料	生产配方/kg	原料	生产配方/kg
糊辣椒	0.4	水溶辣椒提取物	0.14
食用油	9	缓释肉粉	0.2

原料	生产配方/kg	原料	生产配方/kg
鸭翅	108	辣椒红色素150E	0.01(10g)
辣椒	2.3	糊辣椒天然香味物质	0.001(1g)
谷氨酸钠	5	食盐	3
白砂糖	1	山梨酸钾	按照国家相关标准添加

煳辣椒香型的麻辣鸭翅,比较具有传统特征。

2. 青花椒香型麻辣鸭翅配方

原料	生产配方/kg	原料	生产配方/kg
保鲜花椒	0.4	水溶辣椒提取物	0.14
食用油	9	缓释肉粉	0.2
鸭翅	105	辣椒红色素150E	0.01(10g)
辣椒	2.3	青花椒天然香味物质	0.001(1g)
谷氨酸钠	5	食盐	3
白砂糖	1	山梨酸钾	按照国家相关标准添加

青花椒香型的调味麻辣鸭翅,独具一格。

3. 烧烤味麻辣鸭翅配方

原料	生产配方/kg	原料	生产配方/kg
孜然粉	0.4	水溶辣椒提取物	0.14
食用油	9	缓释肉粉	0.2
鸭翅	112	辣椒红色素150E	0.01(10g)
辣椒	2.3	孜然烤香香味物质	0.001(1g)
谷氨酸钠	5	食盐	3
白砂糖	1	山梨酸钾	按照国家相关标准添加

4. 剁椒味麻辣鸭翅配方

原料	生产配方/kg	原料	生产配方/kg
剁椒	2.5	水溶辣椒提取物	0.14
食用油	9	缓释肉粉	0.2
鸭翅	106	辣椒红色素150E	0.01(10g)

原料	生产配方/kg	原料	生产配方/kg
辣椒	2.3	剁制辣椒香味物质	0.001(1g)
谷氨酸钠	5	食盐	3
白砂糖	1	山梨酸钾	按照国家相关标准添加

具有剁制辣椒特殊风味和口感,便于习惯性消费。

5. 酸辣味麻辣鸭翅配方

原料	生产配方/kg	原料	生产配方/kg
酸菜提取物	0.4	水溶辣椒提取物	0.14
食用油	9	缓释肉粉	0.2
鸭翅	120	辣椒红色素150E	0.01(10g)
辣椒	2.3	辣椒香味物质	0.001(1g)
谷氨酸钠	5	食盐	3
白砂糖	1	山梨酸钾	按照国家相关标准添加

第二十四节　麻辣萝卜干生产技术

萝卜食品在国内有良好的资源,尤其是高品质萝卜食品的开发备受企业的欢迎。萝卜干吸收风味的能力较强,目前辣味居多,出奇的产品极少,有待于深度开发麻辣、烧烤、香辣等口味,尤其是吃后味道比较重,留味时间较长的风味会是未来消费的需求趋势。

一、麻辣萝卜干生产工艺

萝卜干→水发浸泡→炒制→调味→包装→杀菌→检验→成品→包装→成品→检验→喷码→检查→装箱→封箱→加盖生产合格证→入库

二、麻辣萝卜干生产技术要点

1. 萝卜干水发浸泡

萝卜干经过水发浸泡达到吸水的目的,市场上有的产品是经过泡制之后调味直接成品,通常是浸泡到直接可以食用的程度,做好防腐保鲜可以让产品储存更长时间。

2. 炒制

萝卜干经过炒制之后味道更加丰富,可以做成比较有特色的菜品,炒制是熟制的方式之一,其他熟制方式也可以使用。目前市场上有不炒制后直接调味的,或者是开水水发之后直接调味的。

3. 包装

萝卜干产品通常采用抽真空包装,也可以采用简装不杀菌形式销售至餐饮市场。

4. 麻辣调味

将调味料按照相应的比例搅拌均匀即可。

5. 杀菌

麻辣调味萝卜干采用巴氏杀菌即可。若要提高品质也可以采用高温高压杀菌,这样可以不需要添加防腐剂。

三、麻辣萝卜干生产配方

1. 麻辣萝卜干配方1

原料	生产配方/kg	原料	生产配方/kg
萝卜干	80	辣椒红色素150E	0.001(10g)
食用油	2	辣椒香味提取物	0.0001(1g)
辣椒	2.5	食盐	3
谷氨酸钠	5	麻辣复合香料油	0.002(20g)
白砂糖	1	山梨酸钾	按照国家相关标准添加
水溶辣椒提取物	0.15	脱氢醋酸钠	按照国家相关标准添加
缓释肉粉	0.2	品质改良配料	按照国家相关标准添加

具有经典香辣特征风味,尤其是辣椒可以直接吃而不辣。

2. 麻辣萝卜干配方2

原料	生产配方/kg	原料	生产配方/kg
食用油	8	辣椒香味提取物	0.001(1g)
萝卜干	82	食盐	3
辣椒	2.3	山梨酸钾	按照国家相关标准添加

原料	生产配方/kg	原料	生产配方/kg
谷氨酸钠	5	脱氢醋酸钠	按照国家相关标准添加
白砂糖	1	品质改良配料	按照国家相关标准添加
鲜辣椒提取物	0.14	风味调节配料	按照国家相关标准添加
缓释肉粉	0.2	鲜青花椒	0.4
辣椒红色素150E	0.01(10g)		

麻辣特点突出,尤其是花椒的麻味会消失这是这一配方的最大优势。

3. 麻辣萝卜干配方3

原料	生产配方/kg	原料	生产配方/kg
萝卜干	100	水溶辣椒提取物	0.3
谷氨酸钠	0.9	白砂糖	2.3
食盐	3.5	麻辣复合香料	0.02(20g)
肉味粉	0.5	辣椒香味提取物	0.002(2g)
柠檬酸	0.2	辣味强化香料	0.2
辣椒油	3.2	山梨酸钾	按照国家相关标准添加
I+G	0.04(40g)	脱氢醋酸钠	按照国家相关标准添加
乙基麦芽酚	0.02(20g)		

香辣特征比较明显,辣味持久、留香自然。

4. 麻辣萝卜干配方4

原料	生产配方/kg	原料	生产配方/kg
食盐	7.8	甜味配料	0.16
增鲜复合调味料	2.2	清香花椒提取物	0.1
60目辣椒粉	8.2	红烧肉味香料	0.05
花椒粉	1.6	花椒提取物	0.06
热反应鸡肉粉	8.8		

5. 麻辣萝卜干配方 5

原料	生产配方/kg	原料	生产配方/kg
食盐	8.1	甜味配料	0.12
增鲜调料	1.9	香葱提取物	0.9
60 目辣椒粉	6.6	牛肉香料	0.02
FD 牛肉粉	2.6	辣椒香料	0.05
热反应鸡肉粉	7.2		

6. 麻辣萝卜干配方 6

原料	生产配方/kg	原料	生产配方/kg
萝卜干	100	食用油	4.8
食盐	1.5	红油豆瓣	5.3
谷氨酸钠	0.9	脱皮白芝麻	5.1
缓释肉粉	0.2	乙基麦芽酚	0.03（30g）
柠檬酸	0.06（60g）	麻辣专用油	0.1
黑胡椒粉	0.08（80g）	白砂糖	0.12
增鲜调料	0.05（50g）	山梨酸钾	按照国家相关标准添加
辣椒提取物	0.1	脱氢醋酸钠	按照国家相关标准添加
芝麻提取物	0.02（20g）		

具有传统风味的香辣萝卜干产品。

7. 麻辣萝卜干配方 7

原料	生产配方/kg	原料	生产配方/kg
萝卜干	100	调味油	0.2
食盐	1.4	红油豆瓣	5.8
谷氨酸钠	0.86	脱皮白芝麻	6.1
鸡粉	0.3	白砂糖	0.08（80g）
柠檬酸	0.05（50g）	乙基麦芽酚	0.04（40g）
黑胡椒粉	0.12	山梨酸钾	按照国家相关标准添加
增鲜配料	0.03（30g）	脱氢醋酸钠	按照国家相关标准添加
辣椒精	0.12	麻辣油	0.22
芝麻提取物	0.0002（0.2g）		

麻辣风味突出、口感持久、回味悠长。

8. 麻辣萝卜干配方8

原料	生产配方/kg	原料	生产配方/kg
萝卜干	100	花生油	4.6
食盐	1.6	红油豆瓣	5.4
谷氨酸钠	0.88	脱皮白芝麻	6.2
肉味粉	0.4	乙基麦芽酚	0.02(20g)
柠檬酸	0.06(60g)	甜味配料	0.04(40g)
黑胡椒提取物	0.18	山梨酸钾	按照国家相关标准添加
增鲜配料	0.03(30g)	脱氢醋酸钠	按照国家相关标准添加
辣椒提取物	0.16	青花椒提取物	0.2
芝麻香精	0.002(2g)		

独特清香麻味风格的麻辣萝卜干产品。

9. 麻辣萝卜干配方9

原料	生产配方/kg	原料	生产配方/kg
萝卜干	1000	乙基麦芽酚	0.05
食盐	15	I+G	0.06
谷氨酸钠	9	青花椒提取物	2
肉味粉	5	水溶辣椒提取物	3
柠檬酸	0.5	白砂糖	1.8
辣椒油	200	山梨酸钾	按照国家相关标准添加
鲜辣椒提取物	1.5	脱氢醋酸钠	按照国家相关标准添加
黑胡椒粉	1.6		

麻辣风味极其浓烈的麻辣萝卜干产品。

10. 麻辣萝卜干配方10

原料	生产配方/kg	原料	生产配方/kg
糊辣椒香味物质	0.02(2g)	缓释肉粉	0.2
萝卜干	80	辣椒红色素 150E	0.001(10g)
食用油	2	辣椒香味提取物	0.0001(1g)

原料	生产配方/kg	原料	生产配方/kg
辣椒	2.5	食盐	3
谷氨酸钠	5	麻辣复合香料油	0.002(20g)
白砂糖	1	山梨酸钾	按照国家相关标准添加
水溶辣椒提取物	0.15	脱氢醋酸钠	按照国家相关标准添加

独有特点是糊辣椒香味,这是该配方推广的意义。

11. 麻辣萝卜干配方 11

原料	生产配方/kg	原料	生产配方/kg
木姜子油	0.02(20g)	乙基麦芽酚	0.02(20g)
萝卜干	100	水溶辣椒提取物	0.3
谷氨酸钠	0.9	白砂糖	2.3
食盐	3.5	麻辣复合香料	0.02(20g)
缓释肉粉	0.5	辣椒香味提取物	0.002(2g)
柠檬酸	0.2	辣味强化香料	0.2
辣椒油	3.2	山梨酸钾	按照国家相关标准添加
I + G	0.04(40g)	脱氢醋酸钠	按照国家相关标准添加

12. 麻辣萝卜干配方 12

原料	生产配方/kg	原料	生产配方/kg
萝卜干	15	黑胡椒提取物	0.0006(0.6g)
复合香辛料调味油	0.05(50g)	青花椒提取物	0.0001(0.1g)
山椒(含水)	2	辣根提取物	0.0002(0.2g)
缓释肉粉	0.05(50g)	蒜香提取物	0.0004(0.4g)
谷氨酸钠	0.2	纯鸡油	0.05(50g)
I + G	0.01(10g)	鸡肉香料	0.0002(0.2g)
野山椒提取物	0.001(1g)	强化辣味口感香料	0.001(1g)
山椒香味提取物	0.0002(0.2g)	山梨酸钾	按照国家相关标准添加
柠檬酸	0.003(3g)		

完全改变了原来萝卜干的传统风味,成为新派调味的演变基础。

在萝卜干生产的过程或者是销售的过程中,关键环节是保质保鲜工作,尤其是产品销售过程中保持相应的脆度,风味不发生改变,这才是立足创品牌之本。

第二十五节 麻辣酱菜生产技术

利用酱菜加工成为口味奇特的香辣菜,可以实现农业产业化的标准进程,也是这一产品的不断发展趋势,风味比较好的酱菜供不应求。酱菜的麻辣风味化改变了部分地区农业的现状,这是一个好的现象,但是酱菜的麻辣化道路还要走向高端化、精品化,只有这样才能带动这个行业的发展。

一、麻辣酱菜生产工艺流程

食用菜籽油→加热→炒制→调味→杀菌→检验→成品→包装→成品→检验→喷码→检查→装箱→封箱→加盖生产合格证→入库

二、麻辣酱菜生产技术要点

1. 辣椒的处理

辣椒品种以特选样品为准,加工方式为炒制后制成辣椒粉备用。

2. 酱菜的处理

采用切菜机将酱菜切成小丝。

3. 酱菜的麻辣调味

将调味原料与酱菜混合均匀即可,保证酱菜的味道一致性,尤其是杀菌之后风味仍然一致才是关键的要点。

三、麻辣酱菜生产配方

1. 麻辣酱菜配方 1

原料	生产配方/kg	原料	生产配方/kg
猪油	1	缓释肉粉	0.2
酱菜	80	辣椒红色素 150E	0.001(10g)
食用油	2	辣椒香味提取物	0.0001(1g)
辣椒	2.5	食盐	3
谷氨酸钠	5	麻辣复合香料油	0.002(20g)

续表

原料	生产配方/kg	原料	生产配方/kg
白砂糖	1	山梨酸钾	按照国家相关标准添加
水溶辣椒提取物	0.15	脱氢醋酸钠	按照国家相关标准添加

采用猪油来调配的酱菜香味发生很大的变化,这是与其他产品最大的区别,使酱菜传统口感得到升级。

2. 麻辣酱菜配方 2

原料	生产配方/kg	原料	生产配方/kg
酱菜	100	芝麻提取物	0.02(20g)
食盐	1.5	食用油	4.8
谷氨酸钠	0.9	乙基麦芽酚	0.03(30g)
缓释肉粉	0.2	麻辣油	0.1
柠檬酸	0.06(60g)	白砂糖	0.12
黑胡椒粉	0.08(80g)	山梨酸钾	按照国家相关标准添加
增鲜剂	0.05(50g)	脱氢醋酸钠	按照国家相关标准添加
辣椒提取物	0.1		

3. 麻辣酱菜配方 3

原料	生产配方/kg	原料	生产配方/kg
大头菜	80	辣椒红色素150E	0.001(10g)
食用油	5	辣椒香味提取物	0.0001(1g)
辣椒	2.5	食盐	3
谷氨酸钠	5	麻辣复合香料油	0.002(2g)
白砂糖	1	山梨酸钾	按照国家相关标准添加
水溶辣椒提取物	0.15	脱氢醋酸钠	按照国家相关标准添加
缓释肉粉	0.2		

独具特色的辣椒香味结合大头菜地道口感,使该产品有滋有味。

4. 麻辣酱菜配方4

原料	生产配方/kg	原料	生产配方/kg
大头菜	100	辣椒提取物	0.1
糊辣椒香味物质	0.005(5g)	芝麻提取物	0.02(20g)
食盐	1.5	食用油	4.8
谷氨酸钠	0.9	乙基麦芽酚	0.03(30g)
缓释肉粉	0.2	麻辣油	0.1
柠檬酸	0.06(60g)	白砂糖	0.12
黑胡椒粉	0.08(80g)	山梨酸钾	按照国家相关标准添加
增鲜配料	0.05(50g)	脱氢醋酸钠	按照国家相关标准添加

具有糊辣椒香味和口感的缓释释放风味的麻辣酱菜。

四、麻辣酱菜生产注意事项

1.麻辣酱菜变脆原因分析及措施

针对多年对酱菜经过发酵、盐渍所带来的菜质变化问题,特对于酱菜变脆原因进行分析,我们通过多年食品研发的经验给出相应技术措施。

(1)菜质失水。菜质中的水存在形式因盐的含量和种类不同,导致菜质中水的状态不一样,也就导致了菜质中游离水和自由水的形成,从而导致菜质水分流失,菜质变软而不脆。

(2)麻辣酱菜组织发生变化。盐渍菜因食盐的渗透和有盐发酵、微生物生长过程对菜的破坏,导致菜的质量变软,而不脆。菜组织的变化在大量乳酸发酵过程中非常明显,有效的控制发酵可以抑制菜变软,可以使酱菜保持脆度。

(3)细菌对菜产生破坏。细菌对菜的破坏是酱菜不脆的关键原因,如菜刚从地里收割回来,杂菌较多,合理的杀菌去除杂菌非常关键,杂菌少了,发酵过程不易受影响,酱菜就较脆。

2.菜质中按国家相关标准添加元素的影响

菜品之中按国家相关标准添加元素的存在也是决定菜质变脆的因素,不同水源制作的酱菜脆度不一样。如水中的钠盐、钙盐、镁盐等对菜质变脆有帮助作用,有报道表明:锰含量较高的水质对酱菜的脆度破坏性很大。

3.酱菜增脆的措施

我们对于酱菜增脆采取了一系列的办法和措施,提供以下几方面供参考:

（1）改变酱菜中水分的状态。通过改变加工工艺进行处理,如温水洗菜、盐水清洗等,同时添加一些适当的食品添加剂也可增加脆度。

（2）盐渍过程控制杂菌的生长。对菜的初始含菌量进行控制,采用特效食用杀菌食品添加剂对菜的细菌进行控制,使其菜初始含菌量最少。

（3）采用食用增脆特效食品添加剂进行处理。这样可以使酱菜的脆度增加,可以添加的原料有:钙盐,增强酱菜的按国家相关标准添加元素的含量,增强酱菜的脆度;复合磷酸盐,相关试验结论表明磷酸二氢钾对酱菜等盐渍菜的脆度增加效果非常好,可以取得保水、品质改良作用;保水复配核心添加剂,这类原料也可增加酱菜的脆度。

4.增脆措施的结果

对于以上增脆措施试用之后,大大增加了酱菜的脆度,提高了酱菜的口感,酱菜的嚼劲也得到改善。

第二十六节 麻辣鸡蛋干生产技术

市场上流行多时的鸡蛋干产品,给消费者的认知就是和豆腐干类似的产品,经过不断研究和调味,并结合现实需求态势,特别提供以下创新调味配方作参考借鉴。

麻辣鸡蛋干配方

1. 烧烤鸡蛋干配方

原料	生产配方/kg	原料	生产配方/kg
鸡蛋干	20	朝天椒辣椒粉	0.2
食盐	0.4	孜然树脂精油	0.002(2g)
烧烤复合香辛料	0.2	耐高温烧烤牛肉香料	0.002(2g)
植物油	2	增鲜配料	0.01(10g)
酱油	0.2	增香香料	0.01(10g)
谷氨酸钠	0.4	耐高温椒香香料	0.02(20g)
I+G	0.01(10g)	白砂糖	0.2
孜然	0.1	大红袍花椒	0.05(50g)
耐高温烧烤牛肉粉	0.1	防腐配料	按照国家相关标准添加

鸡蛋干有微辣清香烤制香味香气,体现特色的烤制香味是调味的关键。

2. 麻辣鸡蛋干配方

原料	生产配方/kg	原料	生产配方/kg
鸡蛋干	20	水溶性辣椒提取物	0.03(30g)
食盐	0.2	油溶性辣椒提取物	0.02(20g)
复合香辛料	0.2	乙基麦芽酚	0.001(1g)
植物油	2	耐高温鸡肉纯粉	0.08(80g)
木姜子油	0.05(50g)	增鲜配料	0.02(20g)
耐高温牛肉增香粉	0.05(50g)	增香香料	0.04(40g)
谷氨酸钠	0.3	青花椒粉	0.07(70g)
I+G	0.01(10g)	白砂糖	0.4
耐高温黄豆香料	0.03(30g)	花椒油树脂	0.01(10g)
耐高温强化厚味鸡肉粉	0.1	防腐配料	按照国家相关标准添加

独具一格的麻辣味鸡蛋干调味配方,是畅销的麻辣鸡蛋干的代表。这是将木姜香味、牛肉味、烤黄豆香味、鸡肉醇香的厚味复合而成的具有市场竞争力的典型风味,也是鸡蛋干调味精品研发的优秀参考配方。

3. 麻辣鸡汁鸡蛋干配方

原料	生产配方/kg	原料	生产配方/kg
鸡蛋干	20	强化厚味鸡肉粉	0.06(60g)
耐高温鸡肉膏	0.03(30g)	甜味配料	0.005(5g)
食盐	0.22	水溶性辣椒提取物	0.03(30g)
红葱油	0.02(20g)	耐高温鸡肉增香粉	0.02(20g)
生姜粉	0.004(4g)	油溶性辣椒提取物	0.02(20g)
植物油	1.3	白砂糖	0.3
乙基麦芽酚	0.005(5g)	防腐剂	按照国家相关标准添加
大红袍花椒粉	0.02(20g)	增鲜配料	0.01(10g)
谷氨酸钠	0.4	耐高温增香鸡肉香料	0.002(2g)
I+G	0.01(10g)	增香香料	0.01(10g)
黑胡椒粉	0.02(20g)	酵母味素	0.01(10g)

以上是麻辣味、鸡肉味复合为一体的特色麻辣鸡蛋干风味。这也是椒香、烤香、醇香、焦香等麻辣风味的调味参考配方。

4. 麻辣鸭脖鸡蛋干配方

原料	生产配方/kg	原料	生产配方/kg
鸡蛋干	20	强化厚味鸡肉粉	0.06(60g)
耐高温鸭肉膏	0.05(50g)	甜味配料	0.002(2g)
食盐	0.22	水溶性辣椒提取物	0.02(20g)
红葱香料	0.002(2g)	耐高温鸭肉增香粉	0.02(20g)
生姜粉	0.004(4g)	油溶性辣椒提取物	0.04(40g)
植物油	1.6	白砂糖	0.25
乙基麦芽酚	0.003(0.3g)	防腐剂	按照国家相关标准添加
青花椒粉	0.04(40g)	增鲜配料	0.02(20g)
谷氨酸钠	0.4	耐高温鸭肉香料	0.002(2g)
I+G	0.01(10g)	增香香料	0.02(20g)
黑胡椒粉	0.03(30g)	耐高温鸭肉膏	0.01(10g)

调味的关键是鸭肉的口感和风味,近年来鸭肉风味畅销的关键在于鸭肉风味和辣味、麻味、肉的厚味之间的完美结合。

5. 青椒牛肉味鸡蛋干配方

原料	生产配方/kg	原料	生产配方/kg
鸡蛋干	20	谷氨酸钠	0.3
青辣椒酱	0.12	I+G	0.01(10g)
食盐	0.22	黑胡椒粉	0.02(20g)
烤牛肉香料	0.002(2g)	耐高温牛肉膏	0.06(60g)
青椒香料	0.004(4g)	甜味剂	0.002(2g)
植物油	1.8	耐高温青椒增香粉	0.02(20g)
乙基麦芽酚	0.003(0.3g)	白砂糖	0.25
青花椒粉	0.02(20g)	防腐配料	按照国家相关标准添加

将青辣椒的香味、牛肉的香味复合而成的独具一格的典型风味的鸡蛋干产品。

第二十七节 糊辣椒鸡爪生产技术

糊辣椒是具有千年历史的风味传承,在贵州断桥地区流行多时,在获得新技术研究机构的支持下,我们研究的新糊辣椒风味呈味成为今年食品界一道靓丽的风景线,备受同行关注,于是再次叙述作为参考探讨。

一、糊辣椒鸡爪生产工艺流程

鸡爪→清理→煮熟→冷却→调味→包装→检验→喷码→检查→装箱→封箱→加盖生产合格证→辐照杀菌→入库

二、糊辣椒鸡爪生产技术要点

1. 鸡爪清理

将鸡爪解冻清理干净,尤其是杂质和异物,便于后续环节操作。

2. 煮熟

将鸡爪煮熟至可食用为止。

3. 冷却

冷却到常温,或者采用急冷无菌水急速冷却。

4. 麻辣调味

按照配方比例添加糊辣椒和其他麻辣调味原料,使麻辣调味料和鸡爪充分混合均匀。

5. 包装

采用真空包装的袋装。

6. 辐照杀菌

采用常规国内流行的辐照杀菌办法。

三、糊辣椒鸡爪生产配方

1. 糊辣椒鸡爪配方 1

原料	生产配方/kg	原料	生产配方/kg
煮熟后的鸡爪	15.6	I+G	0.01(10g)
糊辣椒	2	天然辣椒提取物	0.012(12g)

续表

原料	生产配方/kg	原料	生产配方/kg
香辣油	0.2	山梨酸钾	按照国家相关标准添加
糊辣椒酱汁	0.3	脱氢乙酸钠	按照国家相关标准添加
山椒泥	2.1	柠檬酸	0.1
缓释肉粉	0.1	糊辣椒香味提取物	0.01（10g）
谷氨酸钠	0.2		

2. 糊辣椒鸡爪配方2

原料	生产配方/kg	原料	生产配方/kg
煮熟后的鸡爪	15.6	糊辣椒酱汁	0.2
麻辣油	0.2	天然辣椒提取物	0.012（12g）
山椒泥	2.6	山梨酸钾	按照国家相关标准添加
缓释肉粉	0.1	脱氢乙酸钠	按照国家相关标准添加
谷氨酸钠	0.2	柠檬酸	0.1
I+G	0.01（10g）	糊辣椒香味提取物	0.01（10g）
糊辣椒	1		

3. 糊辣椒鸡爪配方3

原料	生产配方/kg	原料	生产配方/kg
糊辣椒油	0.1	乙基麦芽酚	0.02（20g）
煮熟后的鸡爪	100	水溶辣椒提取物	0.3
谷氨酸钠	0.9	白砂糖	2.3
食盐	3.5	麻辣调料	0.02（20g）
缓释肉粉	0.5	糊辣椒香料	0.002（2g）
柠檬酸	0.2	辣椒红色素	适量
辣椒油	3.2	山梨酸钾	按照国家相关标准添加
糊辣椒	2.6	品质改良配料	按照国家相关标准添加
I+G	0.04（40g）		

　　糊辣椒风味还可使用于多种风味食品,我们已经开发了糊辣椒藕片、土豆片、芥菜、牛蒡、青菜等数十种产品,高品质纯正糊辣椒风味倍受消费者欢迎。

第二十八节　麻辣酸菜生产技术

东北酸菜是在东北三省独有的常见食用原料之一,备受消费者青睐,随着工业化发展进程的加速,消费习惯的升级,我们通过多年调味研究和探讨,发现消费需求美味健康便捷的东北酸菜,在一些同行的支持和协作下,开发了一系列麻辣休闲的东北酸菜食品。

一、麻辣酸菜生产工艺流程

酸菜→清理→切细→炒制或者不炒制→调味→包装→高温杀菌→检验→喷码→检查→装箱→封箱→加盖生产合格证→入库

二、麻辣酸菜生产技术要点

1. 东北酸菜清理

清理掉东北酸菜中不能食用的部分。

2. 切细

将东北酸菜切细以便食用。

3. 炒制或者不炒制

将东北酸菜炒制后调味,或者直接拌调味料调味,根据需求进行生产。

4. 麻辣调味

将所有原料混合均匀即可,得到味道一致的麻辣休闲调味东北酸菜。

5. 包装

采用真空包装的袋装或者玻璃瓶装。

6. 高温杀菌

采用水浴杀菌,建议90摄氏度杀菌14分钟。

三、麻辣酸菜生产配方

1. 麻辣酸菜配方1

原料	生产配方/kg	原料	生产配方/kg
脱盐后的酸菜丝	15	天然辣椒提取物	0.01(10g)
山椒泥	2	山梨酸钾	按照国家相关标准添加

原料	生产配方/kg	原料	生产配方/kg
缓释肉粉	0.02(20g)	脱氢乙酸钠	按照国家相关标准添加
谷氨酸钠	0.2	柠檬酸	0.001(1g)
I＋G	0.01(10g)	辣椒红色素	0.02(20g)

具有独特口感的香辣风味酸菜。

2. 麻辣酸菜配方2

原料	生产配方/kg	原料	生产配方/kg
脱盐后的酸菜丝	100	水溶辣椒提取物	0.3
谷氨酸钠	0.9	白砂糖	2.3
缓释肉粉	0.5	麻辣专用调料	0.02(20g)
柠檬酸	0.2	辣椒香味提取物	0.002(2g)
辣椒油	3.2	辣椒红色素	适量
I＋G	0.04(40g)	山梨酸钾	按照国家相关标准添加
乙基麦芽酚	0.02(20g)	品质改良配料	按照国家相关标准添加

麻辣风味突出,具有传统香辣口感特征。

3. 麻辣酸菜配方3

原料	生产配方/kg	原料	生产配方/kg
食用油	11	水溶辣椒提取物	0.14
酸菜丝	80	缓释肉粉	0.2
辣椒	2.5	辣椒红色素150E	0.01(10g)
谷氨酸钠	5	辣椒天然香味物质	0.001(1g)
白砂糖	1	花椒	0.4

4. 香辣酸菜配方

原料	生产配方/kg	原料	生产配方/kg
食用油	10	水溶辣椒提取物	0.14
酸菜丝	75	缓释肉粉	0.2
辣椒	2.1	辣椒红色素150E	0.01(10g)

原料	生产配方/kg	原料	生产配方/kg
谷氨酸钠	5	辣椒天然香味物质	0.001(1g)
白砂糖	1		

具有香辣特征,辣椒可以直接吃而不辣。

第二十九节　麻辣豆腐干生产技术

麻辣豆腐干配方

1. 麻辣豆腐干配方1

原料	生产配方/kg	原料	生产配方/kg
花椒提取物	0.5	食盐	2
食用油	10	辣椒提取物	0.2
豆腐干	110	缓释肉粉	0.4
花椒	5	辣椒红提取物	0.1
辣椒	3	辣椒香味提取物	0.1
谷氨酸钠	6	烤香牛肉香料	0.2
白砂糖	1.2		

杀菌之后具有良好风味的麻辣豆腐干制品配方一直是麻辣调味的难点和重点,该配方是参考之一。

2. 麻辣豆腐干配方2

原料	生产配方/kg	原料	生产配方/kg
花椒提取物	0.5	白砂糖	1.2
食用油	10	食盐	2
香菇丝	30	辣椒提取物	0.2
豆腐干	106	缓释肉粉	0.4
花椒	5	辣椒红提取物	0.1
辣椒	3	辣椒香味提取物	0.1
谷氨酸钠	6	烤香牛肉香料	0.2

杀菌之后越放越好吃,口感形成一条线。

3. 麻辣豆腐干配方3

原料	生产配方/kg	原料	生产配方/kg
豆腐干	200	I + G	0.03(30g)
谷氨酸钠	4	烤香牛肉香料	0.2
缓释肉粉	0.5	香葱油	0.2
白砂糖	2	脱皮白芝麻	6
辣椒提取物	0.8	天然增鲜调料	0.1
辣椒油	15	天然增香调料	0.1
乙基麦芽酚	0.02(20g)		

一些风味不突出的产品参考这一配方进行调整,可改变原有的口感和香味。

4. 麻辣豆腐干配方4

原料	生产配方/kg	原料	生产配方/kg
青花椒香味物质	0.2	乙基麦芽酚	0.02(20g)
天然辣椒香味物质	0.05(50g)	I + G	0.03(30g)
豆腐干	200	烤香牛肉香料	0.2
谷氨酸钠	4	香葱油	0.2
缓释肉粉	0.5	脱皮白芝麻	6
白砂糖	2	天然增鲜调料	0.1
辣椒提取物	0.8	天然增香调料	0.1
辣椒油	15		

独具特色的香辣特征体现在没有明显的味精味,味道不是一段,而是连续性、持久性的。

5. 麻辣山椒味豆腐干配方

原料	生产配方/kg	原料	生产配方/kg
豆腐干	1650	专用辣椒提取物(辣味)	8
野山椒	250	专用调味液 (含复合香辛料)	0.1
鸡油香味香料	12	白砂糖	10
缓释肉粉	15	辣椒香料	0.05(50g)

续表

原料	生产配方/kg	原料	生产配方/kg
热反应鸡肉粉	0.5	谷氨酸钠	40
复合酸味剂	0.002(2g)	I+G	2
山椒提取物	0.1	复合抗氧化配料	按国家相关标准添加

具有明显的山椒风味,独特的椒香口感,连续的风味体现,在这一配方中得到体现。

6. 麻辣豆腐干配方5

原料	生产配方/kg	原料	生产配方/kg
豆腐干	1650	山椒提取物	0.1
麻辣专用香辛料	0.5	专用辣椒提取物(辣味)	8
强化辣味专用香辛料	0.5	专用调味液(含复合香辛料)	0.1
野山椒	250	白砂糖	10
鸡油香味香料	12	辣椒香料	0.05(50g)
缓释肉粉	15	谷氨酸钠	40
热反应鸡肉粉	0.5	I+G	2
复合酸味配料	0.002(2g)	复合抗氧化配料	按国家相关标准添加

放置时间越长越好吃,尤其是微酸口感在豆制品中得到体现,协调性很好,无异味。

7. 麻辣香菇豆腐干配方

原料	生产配方/kg	原料	生产配方/kg
香菇	120	食盐	1.2
豆腐干	30	辣椒	5
谷氨酸钠	10	花椒	1.2
白砂糖	2	麻辣专用复合香辛料	0.06(60g)
辣椒提取物	0.3	强化辣味香辛料	0.2
缓释肉粉	0.5	烤鸡肉香料	0.2

续表

原料	生产配方/kg	原料	生产配方/kg
辣椒红提取物	0.02(20g)	强化口感香辛料	0.3
辣椒香味提取物	0.06(60g)		

具有麻辣味、鸡肉味结合的特征,香菇和豆腐干均有肉香特征和口感,香菇具有肉的口感和香味是这一产品区别于市场上其他同类产品的关键之处。

8. 麻辣香菇鸡肉豆腐干配方

原料	生产配方/kg	原料	生产配方/kg
香菇	120	食盐	1.2
豆腐干	30	辣椒	5
谷氨酸钠	10	花椒	1.2
白砂糖	2	麻辣专用复合香辛料	0.06(60g)
辣椒提取物	0.3	强化辣味香辛料	0.2
缓释肉粉	0.5	烤牛肉香料	0.2
辣椒红提取物	0.02(20g)	强化口感香辛料	0.3
辣椒香味提取物	0.06(60g)		

麻辣味、牛肉味、香菇味结合形成一个连续口感的复合型产品。

9. 麻辣豆腐干专用调味料配方1

原料	生产配方/kg	原料	生产配方/kg
食盐	20	白砂糖	20
鲜味料	30	耐高温鸡肉香料	2
肉味粉	10	辣椒提取物	9
辣椒油	50	花椒提取物	1

该配方适合于麻辣风味豆腐干强化调味使用,尤其是耐高温效果较好。

10. 麻辣豆腐干专用调味料配方2

原料	生产配方/kg	原料	生产配方/kg
食盐	20	白砂糖	20
鲜味料	30	耐高温鸡肉粉	20
肉味粉	10	辣椒提取物	9

原料	生产配方/kg	原料	生产配方/kg
辣椒油	50	花椒提取物	1
孜然提取物	0.2		

该配方高温杀菌之后风味依然留存,适合于香辣系列风味豆腐干强化调味使用,尤其是耐高温效果较好。

11. 麻辣豆腐干配方6

原料	生产配方/kg	原料	生产配方/kg
山椒香料	0.5	肉味粉	10
鸡肉香料	0.5	白砂糖	20
野山椒	300	耐高温鸡肉香料	2
食盐	20	山椒味专用辣椒提取物	6
鲜味料	30		

该配方适合于山椒风味豆腐干强化调味使用,尤其是耐高温效果较好。

12. 麻辣豆腐干配方7

原料	生产配方/kg	原料	生产配方/kg
山椒香料	0.1	鲜味料	30
鸡肉香料	0.1	肉味粉	3
野山椒	100	白砂糖	20
鸡肉粉	10	耐高温鸡肉香料	8
食盐	20	山椒味专用辣椒提取物	8

该配方高温杀菌之后形成连续的山椒味口感,适合于山椒风味豆腐干强化调味使用,尤其是耐高温效果较好。

第三十节　麻辣土豆片生产技术

一、土豆产业资源

我国土豆资源丰富,在甘肃、贵州、云南、内蒙古等地区均有大量种植,资源丰富,期待深度加工,让更多土豆资源的增值得到体现。

二、麻辣土豆片生产工艺

土豆→清洗→去皮→切片→漂煮→调味→包装→杀菌→成品→检验→喷码→检查→装箱→封箱→加盖生产合格证→入库

1.土豆的清洗

将土豆去除泥沙,挑选完整的土豆作为加工对象。

2.去皮

采用土豆专用脱皮机对土豆进行去皮,要求土豆表面不能留下异物和表皮。

3.切片

根据要求将土豆进行切片,用于制作麻辣土豆小吃的切厚一些。

4.漂煮

将土豆片煮熟至七成熟即可,这样便于调味后包装杀菌时仍具有良好的成型。

5.麻辣调味

土豆片与麻辣调味料混合即可,麻辣土豆片的味道好坏取决于麻辣调味料的品质,很多市场上的土豆片不尽如人意也是麻辣调味料的问题。

6.包装

采用真空包装。

7.杀菌

采用巴氏杀菌,通常采用90摄氏度杀菌5分钟即可。

采用麻辣土豆片生产技术即可生产多种口味的麻辣土豆片系列产品,建议采用不透明包装以避免阳光照射,更加完好地保持土豆片的品质。我们根据消费需求动向还会不断开发新的土豆片产品,满足更多消费者的需要,成就更多的麻辣土豆片品牌。

三、麻辣土豆片生产配方

1. 麻辣土豆片配方1

原料	生产配方/kg	原料	生产配方/kg
土豆片	100	鲜辣椒提取物	0.3
谷氨酸钠	0.9	白砂糖	2.3
食盐	3.5	麻辣调味粉	0.02(20g)

续表

原料	生产配方/kg	原料	生产配方/kg
缓释肉粉	0.5	辣椒香味提取物	0.002(2g)
柠檬酸	0.2	山梨酸钾	按照国家相关标准添加
辣椒油	3.2	脱氢醋酸钠	按照国家相关标准添加
I+G	0.04(40g)	品质改良配料	按照国家相关标准添加
乙基麦芽酚	0.002(2g)	风味调节配料	按照国家相关标准添加

该配方为新型香辣即食土豆片生产使用配方,具有缓释释放风味特征,产品存放时间越久越好吃,具有良好的使用价值。

2. 香辣土豆片配方

原料	生产配方/kg	原料	生产配方/kg
食用油	3	辣椒红色素150E	0.01(10g)
土豆片	79.5	辣椒香味提取物	0.001(1g)
辣椒	2.3	食盐	3
谷氨酸钠	5	山梨酸钾	按照国家相关标准添加
白砂糖	1	脱氢醋酸钠	按照国家相关标准添加
鲜辣椒提取物	0.14	品质改良配料	按照国家相关标准添加
缓释肉粉	0.5	风味调节配料	按照国家相关标准添加

该配方中鲜辣椒提取物的口感改变了整个产品的特点,是优化土豆片入味的新原料,调味效果好于一般辣椒精。

3. 麻辣土豆片配方2

原料	生产配方/kg	原料	生产配方/kg
土豆片	100	鲜辣椒提取物	0.6
谷氨酸钠	0.9	白砂糖	2.3
食盐	3.5	花椒提取物	0.04(40g)
缓释肉粉	0.5	辣椒香味提取物	0.002(2g)
柠檬酸	0.2	山梨酸钾	按照国家相关标准添加
辣椒油	3.2	脱氢醋酸钠	按照国家相关标准添加
I+G	0.04(40g)	品质改良配料	按照国家相关标准添加
乙基麦芽酚	0.002(2g)	风味调节剂	按照国家相关标准添加

麻辣风味特点比较明显,原汁原味的麻辣口感体现得淋漓尽致。该风味的麻辣持久而不烈,这是区别与其他产品的特点,也是这一配方的优势。

4. 麻辣土豆片配方3

原料	生产配方/kg	原料	生产配方/kg
土豆片	100	鲜辣椒提取物	0.3
谷氨酸钠	0.9	白砂糖	2.3
食盐	3.5	糊辣椒调味提取物	0.02(20g)
鸡肉粉	0.5	糊辣椒香料	0.002(2g)
柠檬酸	0.2	山梨酸钾	按照国家相关标准添加
辣椒油	3.2	脱氢醋酸钠	按照国家相关标准添加
I + G	0.04(40g)	品质改良配料	按照国家相关标准添加
乙基麦芽酚	0.002(2g)	风味调节配料	按照国家相关标准添加

具有典型的糊辣椒口感和风味,是休闲土豆片的创新风味之一。尤其是近年来糊辣椒香味流行,比较适合推广。

5. 山椒土豆片配方

原料	生产配方/kg	原料	生产配方/kg
煮熟土豆片	100	鸡肉香料	0.002(2g)
增鲜复合调味料	4	山梨酸钾	按照国家相关标准添加
野山椒	25	脱氢醋酸钠	按照国家相关标准添加
白砂糖	1	品质改良配料	按照国家相关标准添加
食盐	1	风味调节配料	按照国家相关标准添加
乳酸	0.2	风味强化配料	0.002(2g)
山椒提取物	0.1		

具有山椒和鸡味香味的休闲土豆片。

6. 麻辣土豆片配方4

原料	生产配方/kg	原料	生产配方/kg
煮熟土豆片	100	红油辣椒	10
增鲜调料	4.9	牛肉香料	0.02(20g)
剁泡辣椒	10	山梨酸钾	按照国家相关标准添加

原料	生产配方/kg	原料	生产配方/kg
白砂糖	0.5	脱氢醋酸钠	按照国家相关标准添加
食盐	2	品质改良配料	按照国家相关标准添加
花椒粉	1.2	风味调节配料	按照国家相关标准添加
乳酸	0.18	风味强化配料	0.002(2g)
辣椒提取物	0.2		

具有麻辣特殊口感的土豆片,其特殊的麻辣口感来源于辣椒提取物、泡辣椒,这是该麻辣口感区别于其他口味的优势。

第三十一节　麻辣魔芋烧鸭食品生产技术

一、魔芋烧鸭麻辣食品生产工艺

魔芋即食品、鸭肉→切丁→炒制→调味→包装→杀菌→魔芋烧鸭麻辣食品→包装→成品→检验→喷码→检查→装箱→封箱→加盖生产合格证→入库

二、魔芋烧鸭麻辣食品生产技术要点

1.原料要求

魔芋即食品是极其成熟的技术,该处不再过多赘述。魔芋即食品、鸭肉清洗干净。

2.切丁

魔芋即食品、鸭肉一起切成大小一致的丁状。

3.炒制

采用少量食用油对魔芋鸭肉丁进行炒制,炒制达到直接可以食用时再进行调味。

4.麻辣调味

将麻辣调味原料与魔芋鸭肉丁混合均匀即可,对于碱性较重的魔芋丁需要脱掉多余的碱分以免影响魔芋形成的独特风味。麻辣调味原料的选择至关重要,尤其是杀菌之后的风味好坏取决于麻辣调味原料的好坏。

5.包装

采用真空包装做成休闲即食产品是当下的流行方式,也可以采用罐头方式

包装。

6.杀菌

杀菌建议采用121摄氏度25分钟,杀菌后立即冷却效果最佳,杀菌形式可根据不同的包装方式稍加调整。

三、魔芋烧鸭麻辣食品生产配方

1. 清香山椒魔芋烧鸭配方

原料	生产配方/kg	原料	生产配方/kg
鲜青花椒提取物	0.05(50g)	缓释肉粉	0.2
鸭肉丁	15	谷氨酸钠	0.2
食盐	0.3	I+G	0.01(10g)
食用油	2	天然辣椒提取物	0.012(12g)
魔芋丁	9	复合酸味剂	0.1
鸡肉香料	0.1	野山椒香味提取物	0.01(10g)
野山椒	2.5		

魔芋烧鸭具有清香山椒风味特点。

2. 香辣魔芋烧鸭配方

原料	生产配方/kg	原料	生产配方/kg
食用油	10	谷氨酸钠	0.9
鸭肉丁	50	缓释肉粉	0.3
魔芋丁	70	柠檬酸	0.2
香辣风味香料	0.1	I+G	0.045(45g)
香辣香味提取物	0.2	乙基麦芽酚	0.02(20g)
辣椒香味提取物	0.002(2g)	水溶辣椒提取物	0.2
强化香味香料	0.03(30g)	白砂糖	2.1
麻辣油	0.2	麻辣调料	0.02(20g)

缓释释放风味技术的应用让魔芋烧鸭更入味。

3. 麻辣魔芋烧鸭配方1

原料	生产配方/kg	原料	生产配方/kg
鸭肉丁	10	谷氨酸钠	0.9
食用油	8	缓释肉粉	0.3
魔芋丁	92	柠檬酸	0.2
香辣香料	0.1	I+G	0.045(45g)
香辣香味提取物	0.2	乙基麦芽酚	0.02(20g)
辣椒香味提取物	0.002(2g)	水溶辣椒提取物	0.2
强化香味香料	0.03(30g)	白砂糖	2.1
麻辣油	0.2	麻辣调料	0.02(20g)

4. 麻辣魔芋烧鸭配方2

原料	生产配方/kg	原料	生产配方/kg
食用油	5.2	谷氨酸钠	5
糊辣椒香味提取物	0.02(20g)	白砂糖	1.3
麻辣油	0.3	水溶辣椒提取物	0.2
鲜花椒提取物	0.4	缓释肉粉	0.2
辣椒香味提取物	0.04(40g)	山梨酸钾	按照国家相关标准添加
鸭肉丁	8	品质改良剂	按照国家相关标准添加
魔芋丁	80		

辣椒的辣味通过缓释释放风味技术渗透到魔芋烧鸭之中。

5. 山椒魔芋烧鸭配方

原料	生产配方/kg	原料	生产配方/kg
食盐	0.3	缓释肉粉	0.2
食用油	4	谷氨酸钠	0.2
魔芋丁	15	I+G	0.01(10g)
鸭肉丁	12	天然辣椒提取物	0.012(12g)

原料	生产配方/kg	原料	生产配方/kg
鸡肉香料	0.1	复合酸味剂	0.1
野山椒	2.5	野山椒香味提取物	0.01(10g)

6. 糊辣椒香魔芋烧鸭配方

原料	生产配方/kg	原料	生产配方/kg
糊辣椒香味提取物	0.005(5g)	野山椒泥	2.5
鸭肉丁	6	缓释肉粉	0.2
食用油	3	谷氨酸钠	0.2
糊辣椒	2.2	I+G	0.01(10g)
辣椒红色素	0.1	天然辣椒提取物	0.012(12g)
食盐	0.3	复合酸味剂	0.1
魔芋丁	14	野山椒香味提取物	0.01(10g)
鸡肉香料	0.1		

7. 五香魔芋烧鸭配方

原料	生产配方/kg	原料	生产配方/kg
鸭肉丁	11	魔芋丁	77
食用油	1.2	谷氨酸钠	5
五香香辛料提取物	0.02(20g)	白砂糖	1.3
麻辣油	0.1	水溶辣椒提取物	0.1
鲜花椒提取物	0.02(2g)	缓释肉粉	0.2
五香香味提取物	0.01(10g)		

8. 芝麻香魔芋烧鸭配方

原料	生产配方/kg	原料	生产配方/kg
食用油	1.2	魔芋丁	80
芝麻香香辛料提取物	0.02(20g)	谷氨酸钠	5
麻辣油	0.1	白砂糖	1.3
鲜花椒提取物	0.02(20g)	水溶辣椒提取物	0.1
芝麻香味提取物	0.01(10g)	缓释肉粉	0.2
鸭肉丁	9		

9. 芝士魔芋烧鸭配方

原料	生产配方/kg	原料	生产配方/kg
麻辣油	0.02(20g)	谷氨酸钠	5
食用油	5	白砂糖	1.3
芝士专用调味酱	0.3	水溶辣椒提取物	0.1
芝士香味提取物	0.01(10g)	缓释肉粉	0.2
魔芋丁	78	甜味配料	0.3
鸭肉丁	12		

第三十二节　麻辣花椒嫩芽生产技术

一、花椒嫩芽资源

四川、云南、重庆、贵州、陕西、山西、甘肃等地有大量的花椒种植,花椒嫩芽年产鲜货近万吨,目前对于花椒嫩芽利用极少,资源利用不充分对于风味特征良好的花椒嫩叶甚是可惜。无论是红花椒嫩芽还是青花椒嫩芽,均可作为食品加工利用。这对于花椒产业的帮助极大,部分花椒产业基地要重视深度开发,让花椒嫩芽这样的天然资源回归消费者的餐桌。

二、花椒嫩芽食品生产工艺

花椒嫩芽→腌制→脱盐脱水→清理→切细→炒制→调味→包装→高温杀菌→检验→喷码→检查→装箱→封箱→加盖生产合格证→入库

1.腌制

对一些花椒嫩芽采用腌制进行保鲜,或者脱掉部分水分则不需要腌制也可以进行加工,对不同的花椒嫩芽处理稍加改变即可。

2.清理

将花椒嫩芽清理至便于加工和食用,不同品种的花椒嫩芽均要这样处理。部分含食盐量较高的需要脱盐到可食用为止。

3.切细

根据需要进行切细处理,尤其是花椒嫩芽上面的刺需要切碎,以免影响食用口感。

4.炒制

可以采用炒制来进行熟化,熟化之后进行调味或者清水淘洗干净后直接调味。

5.麻辣调味

将麻辣调味原料与花椒嫩芽充分混合均匀,让花椒嫩芽入味。

6.包装

根据不同需求进行包装,通常采用真空包装或者玻璃瓶装。

7.杀菌

根据需要进行杀菌,杀菌之后立即冷却即可保持花椒嫩芽的口感,通常采用水浴杀菌90摄氏度12分钟,根据包装方式稍加调整。

根据以上加工技术即可加工多种风味的花椒嫩芽,可以将花椒嫩芽作为小菜食用,可以做面食配菜,也可以作为烧饼、水饺、抄手、馄饨、包子等馅料,也可以将这样的小菜与肉丝配合制成特色菜品。

三、麻辣花椒嫩芽生产配方

1. 山椒花椒嫩芽配方

原料	生产配方/kg	原料	生产配方/kg
花椒嫩芽	18	I+G	0.01(10g)
山椒(含水)	2.2	天然辣椒提取物	0.01(10g)
缓释肉粉	0.05(50g)	柠檬酸	0.003(3g)
谷氨酸钠	0.2	山椒提取物	0.005(5g)

2. 麻辣花椒嫩芽配方1

原料	生产配方/kg	原料	生产配方/kg
花椒嫩芽	100	I+G	0.04(40g)
谷氨酸钠	0.8	乙基麦芽酚	0.02(20g)
食盐	3.2	水溶辣椒提取物	0.3
缓释肉粉	0.3	白砂糖	2.3
柠檬酸	0.2	辣椒香料	0.002(2g)
辣椒油	3.6	辣椒红色素	适量

3. 麻辣花椒嫩芽配方2

原料	生产配方/kg	原料	生产配方/kg
食用油	5	水溶辣椒提取物	0.14
花椒嫩芽	88	缓释肉粉	0.2
辣椒	2.6	辣椒红色素150E	0.01(10g)
谷氨酸钠	5	辣椒天然香味物质	0.002(2g)
白砂糖	1	食盐	3

辣椒和花椒可以直接吃的特点,尤其是花椒嫩芽放置时间越久味道越好吃。

4. 糊辣花椒嫩芽配方

原料	生产配方/kg	原料	生产配方/kg
食用油	6	水溶辣椒提取物	0.14
花椒嫩芽	80	缓释肉粉	0.2
糊辣椒	2.1	辣椒红色素150E	0.01(10g)
谷氨酸钠	5	糊辣椒天然香味物质	0.001(1g)
白砂糖	1	食盐	3

5. 烧烤花椒嫩芽配方

原料	生产配方/kg	原料	生产配方/kg
脱水后的花椒嫩芽	20	孜然	0.1
食盐	0.4	朝天椒辣椒粉	0.2
烧烤香味香辛料	0.2	孜然树脂精油	0.002(2g)
植物油	2	增鲜配料	0.01(10g)
酱油	0.2	增香香料	0.01(10g)
谷氨酸钠	0.4	白砂糖	0.2
I+G	0.01(10g)		

花椒嫩芽具有微辣清香烤制香味香气,体现特色的烤制香味是调味的关键。以上这些配方还适用于车前草、鱼腥草、水芹菜、原根、梅菜、冬菜、芽菜、甩菜、榨菜、红苕尖、圆葱、木耳、米豆腐、海白菜、纳豆、豆筋、洋禾、芥菜、大蒜根须、菜根

须、海苔、紫菜丝、葱根须、晶头、姜丝、米皮、韭菜及韭菜花等野菜或者其他蔬菜调味使用。

第三十三节　麻辣苦楮豆腐生产技术

一、苦楮豆腐

在江西和浙江等地流行,这种豆腐原料不是用寻常的黄豆,而是用苦楮树上的野果子经过若干工序制作成的。

二、麻辣苦楮豆腐配方

1. 麻辣苦楮豆腐配方 1

原料	生产配方/kg	原料	生产配方/kg
苦楮豆腐	20	水溶性辣椒提取物	0.03(30g)
食盐	0.2	油溶性辣椒提取物	0.02(20g)
复合香辛料	0.2	乙基麦芽酚	0.001(1g)
植物油	2	耐高温鸡肉纯粉	0.08(80g)
木姜子油	0.05(50g)	增鲜配料	0.02(20g)
耐高温牛肉增香粉	0.05(50g)	增香香料	0.04(40g)
谷氨酸钠	0.3	青花椒粉	0.07(70g)
I+G	0.01(10g)	白砂糖	0.4
耐高温黄豆香香料	0.03(30g)	花椒油树脂	0.01(10g)
缓释肉粉	0.1	防腐剂	按照国家相关标准添加

独具一格的麻辣苦楮豆腐调味配方。关键在于将木姜香味、牛肉味、烤黄豆香味、鸡肉醇香的厚味复合而成的具有市场竞争力的典型风味,也是苦楮豆腐调味的研发参考最有优势的配方。

2. 麻辣味苦楮豆腐配方 2

原料	生产配方/kg	原料	生产配方/kg
苦楮豆腐	20	姜粉	0.05(50g)
食盐	0.3	水溶性辣椒提取物	0.04(40g)

续表

原料	生产配方/kg	原料	生产配方/kg
酱油	0.1	油溶性辣椒提取物	0.01(10g)
复合香辛料	0.05(50g)	乙基麦芽酚	0.001(1g)
植物油	1.5	耐高温鸡肉膏	0.08(80g)
辣椒籽油	0.06(60g)	增鲜配料	0.02(20g)
耐高温清香鸡肉香料	0.01(10g)	增香香料	0.04(40g)
谷氨酸钠	0.3	青花椒粉	0.07(70g)
I + G	0.01(10g)	白砂糖	0.4
黑胡椒粉	0.05(50g)	防腐配料	按照国家相关标准添加
缓释肉粉	0.06(60g)	青花椒油树脂	0.01(10g)

麻辣苦楮豆腐主要实现不具有苦味的回味持久的麻辣清香特点,是具有特色的复合调味之体现,成为麻辣的调味秘诀是:辣而持久、麻而不苦,回味及厚味成为典型,不呈香精香料的明显风味。

3. 麻辣味苦楮豆腐配方3

原料	生产配方/kg	原料	生产配方/kg
苦楮豆腐	20	芥末粉	0.05(50g)
耐高温葱香牛肉膏	0.06(60g)	水溶性辣椒提取物	0.02(20g)
食盐	0.3	豆豉粉	0.06(60g)
红葱油	0.05(50g)	油溶性辣椒提取物	0.02(20g)
复合香辛料	0.02(20g)	乙基麦芽酚	0.001(1g)
植物油	2	耐高温牛肉增香粉	0.01(10g)
芹菜籽油	0.02(20g)	增鲜配料	0.02(20g)
耐高温醇香牛肉香料	0.01(10g)	增香香料	0.04(40g)
谷氨酸钠	0.4	大红袍花椒粉	0.07(70g)
I + G	0.01(10g)	白砂糖	0.3
黑胡椒粉	0.05(50g)	防腐配料	按照国家相关标准添加
缓释肉粉	0.08(80g)	酵母味素	0.01(10g)

以上麻辣苦楮豆腐为较有特色的麻辣味,采用原料比较独特,新型麻辣风味很难突破的是葱香,葱香将其柔和的肉味、葱味复合成为麻辣典型的苦楮豆腐产品。

4. 麻辣苦槠豆腐配方4

原料	生产配方/kg	原料	生产配方/kg
苦槠豆腐	20	甜味配料	0.005(5g)
耐高温葱香鸡肉膏	0.03(30g)	水溶性辣椒提取物	0.02(20g)
食盐	0.25	酸味配料	0.005(5g)
红葱油	0.06(60g)	油溶性辣椒提取物	0.02(20g)
复合香辛料	0.04(40g)	复合磷酸盐	0.001(1g)
植物油	2.1	耐高温鸡肉增香粉	0.02(20g)
乙基麦芽酚	0.005(0.5g)	增鲜配料	0.01(10g)
水溶性青花椒粉	0.01(10g)	增香香料	0.01(10g)
谷氨酸钠	0.3	甜味香辛料	0.002(2g)
I+G	0.01(10g)	白砂糖	0.3
水溶性黑胡椒粉	0.02(20g)	防腐配料	按照国家相关标准添加
缓释肉粉	0.03(30g)	酵母味素	0.01(10g)

以上麻辣苦槠豆腐为不具有任何粉状、颗粒状复合调味料的麻辣味苦槠豆腐,鸡肉香味突出但是无香精味,不良风味被消杀是调味的关键,尤其是持久的麻辣成为关键,肉味醇厚是调味技巧。

根据以上调配技术即可开发更多的即食苦槠豆腐作为麻辣食品上市,也可以作为菜品上市,还可以采用红苕、银杏、马铃薯等作相关风味研究。

第三十四节　麻辣大蒜根须生产技术

植物资源的合理利用将成为食品研发不断发展的趋势之一,尤其是人类浪费了一些可以直接食用的材料为之可惜,我们根据一些地区消费习惯,将大蒜根须作为食材开发做成美味食肴,这是不断优化食材的新动向。

一、麻辣大蒜根须生产工艺

大蒜根须→清理→切丝→炒制→调味→包装→高温杀菌→检验→喷码→检查→装箱→封箱→加盖生产合格证→入库

二、麻辣大蒜根须生产配方

1. 山椒大蒜根须配方

原料	生产配方/kg	原料	生产配方/kg
大蒜根须	18	I+G	0.01(10g)
山椒(含水)	2.2	天然辣椒提取物	0.01(10g)
缓释肉粉	0.05(50g)	柠檬酸	0.003(3g)
谷氨酸钠	0.2	山椒提取物	0.005(5g)

由于大蒜根须的稀少,将这样的菜根须作为休闲茶厅和咖啡厅休闲食用是一大卖点,也是休闲蔬菜制品回归原始的做法,备受消费者青睐。

2. 香辣大蒜根须配方

原料	生产配方/kg	原料	生产配方/kg
大蒜根须	100	乙基麦芽酚	0.02(20g)
谷氨酸钠	0.8	水溶辣椒提取物	0.3
食盐	3.2	白砂糖	2.3
缓释肉粉	0.3	麻辣调料	0.02(20g)
柠檬酸	0.2	辣椒香料	0.002(2g)
辣椒油	3.6	辣椒红色素	适量
I+G	0.04(40g)		

具有香辣特点的大蒜根须是该配方的关键。

3. 麻辣大蒜根须配方

原料	生产配方/kg	原料	生产配方/kg
大蒜根须	88	缓释肉粉	0.2
辣椒	2.6	辣椒红色素150E	0.01(10g)
谷氨酸钠	5	辣椒天然香味物质	0.002(2g)
白砂糖	1	食盐	3
水溶辣椒提取物	0.14	花椒	0.5

放置时间越久味道越好吃。

4. 糊辣大蒜根须配方

原料	生产配方/kg	原料	生产配方/kg
大蒜根须	80	缓释肉粉	0.2
糊辣椒	2.1	辣椒红色素150E	0.01(10g)
谷氨酸钠	5	糊辣椒天然香味物质	0.001(1g)
白砂糖	1	食盐	3
水溶辣椒提取物	0.14		

具有地道糊辣椒口感和滋味。

5. 烧烤味大蒜根须配方1

原料	生产配方/kg	原料	生产配方/kg
大蒜根须	20	朝天椒辣椒粉	0.2
食盐	0.4	孜然树脂精油	0.002(2g)
烧烤香料	0.2	增鲜配料	0.01(10g)
酱油	0.2	增香香料	0.01(10g)
谷氨酸钠	0.4	白砂糖	0.2
I + G	0.01(10g)	大红袍花椒	0.05(50g)
孜然	0.1		

麻辣大蒜根须具有微辣清香烤制香味香气,体现特色的烤制香味是调味的关键。

6. 烧烤味大蒜根须配方2

原料	生产配方/kg	原料	生产配方/kg
大蒜根须	20	孜然	0.4
食盐	0.4	朝天椒辣椒粉	0.6
烧烤香料	0.5	孜然树脂精油	0.002(2g)
缓释肉粉	0.05(50g)	增鲜配料	0.01(10g)
谷氨酸钠	0.3	增香香料	0.01(10g)
I + G	0.01	白砂糖	0.5
大红袍花椒	0.02(20g)		

大蒜根须辣味突出,具有复合的烤香味。调味原料在调味包装、杀菌之后放置两天以上吃不出香精香料风味即为成功的烧烤味范例。

7. 烧烤味大蒜根须配方3

原料	生产配方/kg	原料	生产配方/kg
大蒜根须	20	朝天椒辣椒粉	0.2
食盐	0.3	孜然树脂精油	0.001(1g)
烧烤香辛料	0.2	鸡脂香料	0.001(1g)
缓释肉粉	0.05(50g)	增鲜配料	0.01(10g)
谷氨酸钠	0.3	增香香料	0.01(10g)
I + G	0.01(10g)	椒香强化香料	0.02(20g)
孜然	0.3	白砂糖	0.3
鸡肉粉	0.1	大红袍花椒	0.01(10g)

大蒜根须厚味突出,复合肉味特征明显,具有较好的回味是该口味的关键调味技巧。

8. 烧烤味大蒜根须配方4

原料	生产配方/kg	原料	生产配方/kg
大蒜根须	20	油溶性辣椒提取物	0.02(20g)
食盐	0.3	孜然树脂精油	0.001(1g)
香辛料液	0.2	清香鸡肉香料	0.001(1g)
缓释肉粉	0.05(50g)	增鲜配料	0.01(10g)
谷氨酸钠	0.3	增香香料	0.01(10g)
I + G	0.01(10g)	清香椒香强化香料	0.02(20g)
水溶性孜然粉	0.3	白砂糖	0.3
鸡粉	0.1	水溶性花椒粉	0.01(10g)
水溶性辣椒提取物	0.03(30g)		

以上烧烤味大蒜根须不含有任何调味料固形物,成为特色的烧烤味野菜。

9. 麻辣味大蒜根须配方1

原料	生产配方/kg	原料	生产配方/kg
大蒜根须	20	水溶性辣椒提取物	0.03(30g)
食盐	0.2	油溶性辣椒提取物	0.02(20g)
复合香辛料	0.2	乙基麦芽酚	0.001(1g)
木姜子油	0.05(50g)	烤鸡肉粉	0.08(80g)
缓释肉粉	0.05(50g)	增鲜配料	0.02(20g)
谷氨酸钠	0.3	增香香料	0.04(40g)
I+G	0.01(10g)	青花椒粉	0.07(70g)
烤香香料	0.03(30g)	白砂糖	0.4
鸡肉粉	0.1	花椒油树脂	0.01(10g)

独具一格的麻辣味大蒜根须调味配方。

10. 麻辣味大蒜根须配方2

原料	生产配方/kg	原料	生产配方/kg
大蒜根须	20	姜粉	0.05(50g)
食盐	0.3	水溶性辣椒提取物	0.04(40g)
酱油	0.1	油溶性辣椒提取物	0.01(10g)
复合香辛料	0.05(50g)	乙基麦芽酚	0.001(1g)
辣椒籽油	0.06(60g)	强化香味香料	0.08(80g)
鸡肉粉	0.01(10g)	增鲜配料	0.02(20g)
谷氨酸钠	0.3	增香香料	0.04(40g)
I+G	0.01(10g)	青花椒粉	0.07(70g)
黑胡椒粉	0.05(50g)	白砂糖	0.4
缓释肉粉	0.06(60g)	青花椒油树脂	0.01(10g)

主要实现不具有苦味的回味持久的麻辣清香特点,成为麻辣的调味秘诀是:辣而持久、麻而不苦,回味及厚味成为典型,不呈香精香料的明显风味。

11. 麻辣味大蒜根须配方 3

原料	生产配方/kg	原料	生产配方/kg
大蒜根须	20	芥末粉	0.05(50g)
缓释肉粉	0.06(60g)	水溶性辣椒提取物	0.02(20g)
食盐	0.3	豆豉粉	0.06(60g)
红葱油	0.05(50g)	油溶性辣椒提取物	0.02(20g)
复合香辛料	0.02(20g)	乙基麦芽酚	0.001(1g)
芹菜籽油	0.02(20g)	复合香辛料	0.01(10g)
牛肉香味提取物	0.01(10g)	增鲜配料	0.02(20g)
谷氨酸钠	0.4	增香香料	0.04(40g)
I+G	0.01(10g)	大红袍花椒粉	0.07(70g)
黑胡椒粉	0.05(50g)	白砂糖	0.3
香辛料提取物	0.08(80g)	酵母味素	0.01(10g)

以上麻辣味大蒜根须是较有特色的麻辣味口味,采用原料比较独特,是新型麻辣风味很难突破的葱香,葱香将其柔和的肉味、葱味复合成为麻辣典型。

12. 麻辣味大蒜根须配方 4

原料	生产配方/kg	原料	生产配方/kg
大蒜根须	20	甜味配料	0.005(5g)
缓释肉粉	0.03(30g)	水溶性辣椒提取物	0.02(20g)
食盐	0.25	酸味剂	0.005(5g)
红葱油	0.06(60g)	油溶性辣椒提取物	0.02(20g)
复合香辛料	0.04(40g)	增鲜配料	0.01(10g)
乙基麦芽酚	0.0005(0.5g)	增香香料	0.01(10g)
水溶性青花椒粉	0.01(10g)	甜味香辛料	0.002(2g)
谷氨酸钠	0.3	白砂糖	0.3
I+G	0.01(10g)	酵母味素	0.01(10g)
水溶性黑胡椒粉	0.02(20g)		

以上麻辣味大蒜根须为不具有任何粉状、颗粒状复合调味料,鸡肉香味突出

但是无香精味,不良风味被消杀是调味的关键,尤其是持久的麻辣成为关键,肉味醇厚是调味技巧。

13. 麻辣味大蒜根须配方5

原料	生产配方/kg	原料	生产配方/kg
大蒜根须	20	黑胡椒粉	0.03(30g)
缓释肉粉	0.05(50g)	鸡肉粉	0.06(60g)
食盐	0.22	甜味配料	0.002(2g)
红葱香料	0.002(2g)	水溶性辣椒提取物	0.02(20g)
生姜粉	0.004(4g)	油溶性辣椒提取物	0.04(40g)
乙基麦芽酚	0.0003(0.3g)	白砂糖	0.25
青花椒粉	0.04(40g)	增鲜配料	0.02(20g)
谷氨酸钠	0.4	增香香料	0.02(20g)
I+G	0.01(10g)		

14. 青椒牛肉味大蒜根须配方

原料	生产配方/kg	原料	生产配方/kg
大蒜根须	20	谷氨酸钠	0.3
青辣椒酱	0.12	I+G	0.01(10g)
食盐	0.22	黑胡椒粉	0.02(20g)
烤牛肉醇香香料	0.002(2g)	缓释肉粉	0.06(60g)
青椒香料	0.004(4g)	甜味剂	0.002(2g)
乙基麦芽酚	0.003(0.3g)	青椒增香粉	0.02(20g)
青花椒粉	0.02(20g)	白砂糖	0.25

具有青辣椒的香味、牛肉的香味复合而成的大蒜根须独具一格的典型风味。

15. 辣子鸡味大蒜根须配方

原料	生产配方/kg	原料	生产配方/kg
大蒜根须	20	谷氨酸钠	0.4
辣椒酱	0.08(80g)	I+G	0.01(10g)

续表

原料	生产配方/kg	原料	生产配方/kg
食盐	0.22	黑胡椒粉	0.02(20g)
复合香辛料	0.1	朝天椒辣椒粉	0.12
烤鸡肉香料	0.002(2g)	缓释肉粉	0.06(60g)
水溶性辣椒提取物	0.02(20g)	鸡肉粉	0.04(40g)
青花椒粉	0.02(20g)	鸡肉增香粉	0.02(20g)
油溶性辣椒提取物	0.04(40g)	白砂糖	0.3

调味的关键是在一定程度添加鸡肉味、辣味复合的较有特色的配料如鸡油脂烤香风味、辣椒籽香味、糊辣椒风味等大蒜根须,使其成为特色。

16. 麻辣味大蒜根须配方6

原料	生产配方/kg	原料	生产配方/kg
大蒜根须	20	谷氨酸钠	0.28
芝麻香料	0.002(2g)	I+G	0.01(10g)
食盐	0.24	黑胡椒粉	0.11
复合香辛料	0.03(30g)	二荆条辣椒粉	0.12
椒香强化香料	0.004(4g)	黑芝麻酱	0.1
水溶性辣椒提取物	0.02(20g)	缓释肉粉	0.05(50g)
大红袍花椒粉	0.02(20g)	增鲜配料	0.02(20g)
油溶性辣椒提取物	0.02(20g)	白砂糖	0.4

椒香、芝麻香、牛肉香复合为一体香辣特色风味大蒜根须。

17. 香辣味大蒜根须配方

原料	生产配方/kg	原料	生产配方/kg
大蒜根须	20	I+G	0.01(10g)
酱油	0.06(60g)	葱白粉	0.08(80g)
缓释肉粉	0.05(50g)	白胡椒粉	0.1
食盐	0.31	朝天椒辣椒籽粉	0.15
清香型青花椒树脂精油	0.002(2g)	豆豉酱	0.1
水溶性辣椒提取物	0.02(20g)	增香香料	0.02(20g)

原料	生产配方/kg	原料	生产配方/kg
青花椒粉	0.01(10g)	白砂糖	0.35
油溶性辣椒提取物	0.02(20g)	香菜籽油	0.02(20g)
谷氨酸钠	0.36		

香辣特点是大蒜根须这一风味的关键调味。

18. 酸辣味大蒜根须配方

原料	生产配方/kg	原料	生产配方/kg
大蒜根须	20	I + G	0.01(10g)
食盐	0.35	泡姜	0.08(80g)
缓释肉粉	0.05(50g)	泡椒香料	0.02(20g)
水溶性辣椒提取物	0.02(20g)	增鲜配料	0.04(40g)
牛肉粉	0.04(40g)	泡菜酱	0.1
食用乳酸80%	0.02(20g)	甜味配料	0.004(4g)
泡辣椒	0.4	增香香料	0.02(20g)
油溶性辣椒提取物	0.02(20g)	白砂糖	0.38
谷氨酸钠	0.3	乙基麦芽酚	0.02(20g)

酸味、辣味、牛肉味、鸡肉味复合大蒜根须为一体。

19. 野山椒味大蒜根须配方

原料	生产配方/kg	原料	生产配方/kg
大蒜根须	20	谷氨酸钠	0.36
食盐	0.42	I + G	0.01(10g)
食用乳酸80%	0.01(10g)	椒香强化香料	0.02(20g)
野山椒	0.32	增鲜配料	0.02(20g)
野山椒提取物	0.02(20g)	乙基麦芽酚	0.02(20g)
水溶性辣椒提取物	0.02(20g)	白砂糖	0.28
清香鸡肉香料	0.002(2g)		

　　纯天然野山椒发酵所具有的辣味是该口味的特点,也是野山椒口味被众多消费者接受的原因。调制高品质的野山椒风味大蒜根须关键在于采用清香鸡肉

液体香精香料来改善野山椒本质风味。

20. 山椒风味大蒜根须配方

原料	生产配方/kg	原料	生产配方/kg
大蒜根须	20	谷氨酸钠	0.3
食盐	0.4	I + G	0.01(10g)
食用乳酸80%	0.01(10g)	泡椒香料	0.02(20g)
野山椒	0.36	增鲜配料	0.02(20g)
野山椒提取物	0.03(30g)	乙基麦芽酚	0.02(20g)
水溶性辣椒提取物	0.03(30g)	白砂糖	0.28
烧鸡香料	0.002(2g)		

山椒大蒜根须的香味、较重的辣味成为该口味的关键,这也是一些山椒风味一般的体现。

21. 泡椒味大蒜根须配方 1

原料	生产配方/kg	原料	生产配方/kg
大蒜根须	20	谷氨酸钠	0.4
食盐	0.43	I + G	0.01(10g)
食用乳酸80%	0.01(10g)	泡姜	0.12
泡辣椒	0.5	增鲜配料	0.04(40g)
野山椒	0.21	增香香料	0.01(10g)
泡椒香料	0.03(30g)	乙基麦芽酚	0.02(20g)
水溶性辣椒提取物	0.04(40g)	白砂糖	0.32
烤牛肉香料	0.002(2g)		

纯正柔和并持久的辣味、酸味、烤牛肉香味聚一体,成为典型的泡椒味大蒜根须。

22. 泡椒味大蒜根须配方 2

原料	生产配方/kg	原料	生产配方/kg
大蒜根须	20	I + G	0.01(10g)
食盐	0.4	泡姜	0.08(80g)
泡辣椒	0.42	增鲜配料	0.04(40g)

原料	生产配方/kg	原料	生产配方/kg
野山椒	0.15	增香香料	0.01(10g)
泡椒香料	0.03(30g)	乙基麦芽酚	0.02(20g)
水溶性辣椒提取物	0.04(40g)	白砂糖	0.24
清香鸡肉香料	0.002(2g)	泡菜液体香料	0.03(30g)
谷氨酸钠	0.33		

　　纯天然发酵的泡椒、泡菜风味融合清香鸡肉风味,再经高温杀菌即得的泡椒风味的调味关键在于传统风味的体现,这也是很多调味过程中,调制时味道很好,而杀菌之后味道极其普通的原因。

23. 泡菜味大蒜根须配方

原料	生产配方/kg	原料	生产配方/kg
大蒜根须	20	谷氨酸钠	0.42
食盐	0.36	I+G	0.01(10g)
泡辣椒	0.36	泡姜	0.11
泡菜	0.42	增鲜配料	0.06(60g)
野山椒	0.16	增香香料	0.02(20g)
泡椒香料	0.03(30g)	乙基麦芽酚	0.02(20g)
食用乳酸80%	0.01(10g)	白砂糖	0.44
水溶性辣椒提取物	0.04(40g)	泡菜香料	0.05(50g)
葱香牛肉香料	0.002(2g)		

　　具有辣泡菜特征体现的大蒜根须。

24. 藤椒味大蒜根须配方

原料	生产配方/kg	原料	生产配方/kg
大蒜根须	20	水溶性辣椒提取物	0.02(20g)
食盐	0.42	椒香香料	0.002(2g)
藤椒油	0.05(50g)	谷氨酸钠	0.4
藤椒粉	0.02(20g)	I+G	0.01(10g)
复合磷酸盐	0.002(2g)	增香香料	0.02(20g)

续表

原料	生产配方/kg	原料	生产配方/kg
青花椒香料	0.002(2g)	乙基麦芽酚	0.02(20g)
水解植物蛋白粉	0.01(10g)	白砂糖	0.32

藤椒香型比较明显,吃完无苦口感,要求不产生发涩的味觉。藤椒味是将来畅销的新风味化食品之一,目前出现的调味难题是:厚味不足,多数藤椒风味大蒜根须得不到良好体现。

25. 青椒味大蒜根须配方

原料	生产配方/kg	原料	生产配方/kg
大蒜根须	20	水溶性辣椒提取物	0.02(20g)
食盐	0.42	椒香香料	0.002(2g)
青花椒油	0.02(20g)	谷氨酸钠	0.37
青花椒粉	0.02(20g)	I+G	0.01(10g)
清香型青花椒树脂精油	0.002(2g)	增香香料	0.02(20g)
缓释肉粉	0.1	乙基麦芽酚	0.02(20g)
青花椒香型香料	0.002(2g)	白砂糖	0.38
油溶辣椒提取物	0.01(10g)		

以上所有配方适用于所有蔬菜根须、野菜等调味制作,可以作为麻辣休闲食品,也可以作为菜品。

三、麻辣大蒜根须生产技术要点

1. 清理

将大蒜根须清洗干净,清理至便于加工和食用,对于大多数蔬菜根须均是这样的。

2. 麻辣调味

将麻辣调味原料与大蒜根须充分混合均匀,让大蒜根须更入味。

3. 包装

根据不同需求进行包装,通常采用真空包装或者玻璃瓶装。

4. 杀菌

根据产品需要进行杀菌,杀菌之后立即冷却即可保持蔬菜的口感,通常采用水浴杀菌 90 摄氏度 12 分钟作参考,根据包装方式稍加调整。也可以不杀菌作为即食菜品冷藏销售,这是传统食品标准化规范化生产制作。以上生产技术可以生产多种葱根须、蔬菜根须等蔬菜食品。

第三十五节　麻辣条生产新技术

一、麻辣条生产新技术六低卖点

1. 低盐

食盐含量小于 3%,保证麻辣条的健康低盐含量,为消费者消费麻辣条提供相应的健康保障,在技术层面可以做到的限度是 1.5% 的含盐量。

2. 低油

油含量小于 7%,保证健康的消费才是麻辣条未来发展的趋势,也是大多数做不到低油的企业经营状况,每况愈下的原因之一。

3. 低味精

味精的含量小于 3%,但是大多数麻辣条都大于这个值,是成为大多数麻辣条吃完口干,也就是消费者吃后不想再吃的原因之一。

4. 低香精

麻辣条香精含量小于 0.2%,甚至一些含量小于 0.002%,这样给消费者的天然味的麻辣条,消费者没有不选择的理由。

5. 低糖

糖的含量小于 1%,甚至一些产品糖的含量小于 0.05%,高品质健康糖助推消费的高品质选择,这成为消费的趋势。

6. 低香辛料

香辛料的含量小于 1%,甚至一些小于 0.05%,不断实现香辛料含量极低,风味极其突出的复合调味技术。

以上六低为麻辣条发展指明新的思路和出路,关键在于我们如何实现新的麻辣条发展趋势的运作。

二、麻辣条生产新技术三不加卖点

1. 不添加合成色素

对于儿童食品,不添加合成色素,满足麻辣条健康的选择,也是消费升级的麻辣条发展趋势。

2. 不添加防腐剂

利用先进的科学技术,保证食品安全的前提下,不添加防腐剂,大大提高麻辣条的品质和品位,也是优化麻辣条品质的必然选择。

3. 不添加合成甜味剂

通过天然甜味剂和甜味食物来改变麻辣条的口感,而不是大量使用合成甜味剂,为消费健康麻辣条的最佳选择。

三、麻辣条生产新技术五大优势卖点

1. 保质期长

采用当下最优技术手段,确保麻辣条常温放置 18 个月不变质,风味不发生变化。

2. 不返硬

保持长期的软度,保持传统面制品的优点,大大保持柔软的口感选择,尤其是高品质入味的研究,大大提高麻辣条半成品的品质。

3. 成本优势

麻辣条生产工艺虽然增加和变换,但是整体生产成本没有发生变化,与原来麻辣条生产成本相当,如果科学化利用,麻辣条的生产成本还将低于传统的生产成本,为麻辣条的生产提供了坚实的保障。

4. 健康优势

麻辣条生产更加科学、合理、规范,必然成为健康麻辣面食,为麻辣条的科学化生产提供了基础。

5. 创新优势

新消费时代的选择,新技术得到应用,新工艺得到执行,新产品得到推广,新的行业特征得到发展。

四、麻辣条配方

原料	生产配方/kg	原料	生产配方/kg
麻辣条半成品(不含盐)	250	辣椒红提取物	0.02(20g)
食盐	2.5	辣椒香味提取物	0.02(20g)
谷氨酸钠	1.8	缓释香料	0.4

原料	生产配方/kg	原料	生产配方/kg
I + G	0.09(90g)	麻辣油	3.2
麻辣专用甜味配料	0.1	辣椒提取物(辣味)	0.8
辣椒	2	复合香料	0.1
花椒	0.5		

该配方处理后的辣椒和花椒可以直接吃而不麻辣,具有消费者熟悉的香味,这是调味的最为有力体现。

第三十六节　麻辣酱生产技术

一、麻辣牛肉辣酱配方

1. 麻辣牛肉酱配方 1

原料	生产配方/kg	原料	生产配方/kg
食用油	50	缓释肉粉	1
白胡椒粉	0.5	白砂糖	8
豌豆泥	21	炖煮牛肉香料	0.02(20g)
食盐	3	豆豉	5
香葱酱	40	郫县豆瓣	5
花椒	0.2	辣椒粉	5
牛肉	22	辣椒提取物	0.2
I + G	0.2	辣椒红提取物	0.2
谷氨酸钠	5	天然增香调料	0.6

2. 麻辣牛肉酱配方 2

原料	生产配方/kg	原料	生产配方/kg
食用油	450	缓释肉粉	8
白胡椒粉	5	白砂糖	80
豌豆泥	250	炖煮牛肉香料	0.2

续表

原料	生产配方/kg	原料	生产配方/kg
食盐	30	豆豉	58
香葱酱	290	郫县豆瓣	60
花椒	3	辣椒粉	72
牛肉	250	辣椒提取物	2
I + G	2	辣椒红提取物	2
谷氨酸钠	45	天然增香调料	2

3. 麻辣牛肉豆豉酱配方

原料	生产配方/kg	原料	生产配方/kg
菜籽油	250	鲜味料	4
牛肉	10	食盐	1
麻辣油	12	甜味配料	0.1
豆豉	300	天然辣椒香味提取物	0.05(50g)
辣椒	10	肉味粉	1.2

二、麻辣鸡肉酱配方

1. 麻辣鸡肉酱配方

原料	生产配方/kg	原料	生产配方/kg
菜籽油	250	甜味配料	0.1
豆豉	300	鸡肉	21
辣椒	50	麻辣油	22
鲜味料	20	天然辣椒提取物	2
食盐	5	肉味粉	6

三、牛肉豆豉酱配方

1. 牛肉豆豉酱配方

原料	生产配方/kg	原料	生产配方/kg
牛肉粉	6	鲜味料	20
牛肉香料	0.06(60g)	食盐	1
菜籽油	250	甜味配料	0.1
豆豉	300	天然辣椒提取物	0.4
辣椒	50	肉味粉	0.1

四、麻辣酱配方

1. 麻辣酱配方1

原料	生产配方/kg	原料	生产配方/kg
菜籽油	37.6	食盐	0.7
麻辣油	11.2	甜味配料	0.3
豆豉	45.2	天然辣椒提取物	0.3
辣椒	12	肉味粉	0.9
鲜味料	3.1		

2. 麻辣酱配方2

原料	生产配方/kg	原料	生产配方/kg
菜籽油	2.8	食盐	0.05(50g)
豆豉	3	甜味配料	0.02(20g)
辣椒	0.8	天然辣椒提取物	0.002(2g)
鲜味料	0.2	肉味粉	0.06(60g)
麻辣油	1.9		

五、麻辣兔肉酱配方

1. 麻辣兔肉酱配方 1

原料	生产配方/kg	原料	生产配方/kg
菜籽油	250	天然辣椒提取物	2
兔肉	22	缓释肉粉	6
豆豉	300	风味豆豉香料	0.1
辣椒	12	麻辣油	4.8
鲜味料	10		
白砂糖	2		

2. 麻辣兔肉酱配方 2

原料	生产配方/kg	原料	生产配方/kg
菜籽油	250	食盐	1
兔肉	22	甜味料	0.1
豆豉	300	辣椒香味物质	0.01(10g)
辣椒粉	10	缓释肉粉	1.2
鲜味料	4	辣椒香味调味油	5

3. 麻辣兔肉酱配方 3

原料	生产配方/kg	原料	生产配方/kg
菜籽油	625	食盐	1
兔肉	12	甜味料	10
豆豉	750	辣椒香味物质	0.1
辣椒粉	75	缓释肉粉	5
鲜味料	50	辣椒香味调味油	1.5

六、青椒鸡肉酱配方

1. 青椒鸡肉酱配方1

原料	生产配方/kg	原料	生产配方/kg
菜籽油	250	食盐	0.1
青椒	300	甜味料	0.5
辣椒粉	50	辣椒香味物质	0.02(20g)
鲜味料	20	缓释肉粉	6
鸡肉	16	辣椒香味调味油	105

2. 青椒鸡肉酱配方2

原料	生产配方/kg	原料	生产配方/kg
菜籽油	250	食盐	5
青椒	300	甜味料	0.1
鸡肉	43	辣椒香味物质	0.02(20g)
辣椒粉	50	缓释肉粉	6
鲜味料	20	辣椒香味调味油	2

3. 青椒鸡肉酱配方3

原料	生产配方/kg	原料	生产配方/kg
红花椒提取物	0.5	食盐	5
鸡肉	54	甜味料	0.1
菜籽油	250	辣椒香味物质	0.02(20g)
青椒	300	缓释肉粉	6
辣椒粉	50	辣椒香味调味油	2
鲜味料	20		

4. 青椒鸡肉酱配方4

原料	生产配方/kg	原料	生产配方/kg
风味豆豉香料	0.2	食盐	5
鸡肉	12	甜味料	0.1

续表

原料	生产配方/kg	原料	生产配方/kg
菜籽油	250	糊辣椒香味物质	0.02（20g）
青椒	300	缓释肉粉	6
辣椒粉	50	辣椒香味提取物	0.2
鲜味料	20		

七、青椒牛肉酱配方

1. 青椒牛肉酱配方1

原料	生产配方/kg	原料	生产配方/kg
牛肉	6	鲜味料	4
辣椒香料	0.02	白砂糖	1.5
菜籽油	60	风味豆豉香料	0.2
青椒	120	缓释肉粉	0.2
辣椒粉	10	辣椒香味提取物	0.2

2. 青椒牛肉酱配方2

原料	生产配方/kg	原料	生产配方/kg
牛肉	42	白砂糖	2
菜籽油	125	风味豆豉香料	0.1
青椒	150	缓释肉粉	0.1
辣椒粉	20	辣椒香味提取物	0.2
鲜味料	10		

3. 青椒牛肉酱配方3

原料	生产配方/kg	原料	生产配方/kg
菜籽油	100	白砂糖	1.5
牛肉	32	风味豆豉香料	0.1
青椒	120	缓释肉粉	0.1
辣椒粉	10	辣椒香味提取物	0.2
鲜味料	4		

4. 青椒牛肉酱配方 4

原料	生产配方/kg	原料	生产配方/kg
牛肉	33	白砂糖	2
菜籽油	125	风味豆豉香料	0.1
青椒	150	缓释肉粉	0.1
辣椒粉	15	辣椒香味提取物	0.1
鲜味料	10		

5. 青椒牛肉酱配方 5

原料	生产配方/kg	原料	生产配方/kg
牛肉	18	白砂糖	2
菜籽油	125	风味豆豉香料	0.2
青椒	150	缓释肉粉	0.2
辣椒粉	15	辣椒香味提取物	0.2
鲜味料	10		

6. 青椒牛肉酱配方 6

原料	生产配方/kg	原料	生产配方/kg
菜籽油	20	强化辣味香辛料	0.2
青椒	200	八角粉	4
牛肉	20	辣椒香味物质	0.1
河北辣椒粉	40	缓释肉粉	0.4
谷氨酸钠	6	辣椒提取物（辣味）	0.6

该配方为辣味豆豉，区别于其他风味豆豉。

风味豆豉系列配方适用于整个风味豆豉行业使用，具有良好的借鉴和改进产品的意义，也是未来风味豆豉多元化发展的着力点，同时也可以改变整个行业的现状。

八、水煮鱼调料配方

1. 水煮鱼调料配方 1

原料	生产配方/kg	原料	生产配方/kg
郫县豆瓣	20	泡辣椒	8
菜籽油	40	野山椒	8
食盐	2	谷氨酸钠	8
老姜	10	青花椒提取物（香味）	0.1
大蒜	3	青花椒提取物（麻味）	0.1
花生	3	乳酸	0.2
青花椒	5	酸草提取物	0.05（50g）
白砂糖	8	鱼香调味料	0.5

持久的麻辣成为水煮鱼调味料的制胜点，尤其是鱼味道比较浓厚的衬托。

2. 水煮鱼调料配方 2

原料	生产配方/kg	原料	生产配方/kg
郫县豆瓣	80	泡辣椒	2
菜籽油	40	野山椒	8
食盐	2	谷氨酸钠	5
老姜	10	青花椒提取物（香味）	0.05（50g）
大蒜	0.2	青花椒提取物（麻味）	0.02（20g）
花生	3	乳酸	0.2
青花椒	5	酸草提取物	0.1
白砂糖	0.2	鱼香调味料	0.08（80g）

地道传统水煮鱼香味和口感的体现，也是良好工业化的参考。

3. 水煮鱼调料配方 3

原料	生产配方/kg	原料	生产配方/kg
郫县豆瓣	80	白砂糖	0.2
菜籽油	40	泡辣椒	2
食盐	2	野山椒	8
老姜	10	谷氨酸钠	5

续表

原料	生产配方/kg	原料	生产配方/kg
大蒜	0.2	青花椒提取物（香味）	0.02(20g)
花生	3	青花椒提取物（麻味）	0.4
青花椒	5	乳酸	0.2

持久的香味成为该配方被采用的关键,消费者认可的香味才是关键点,也是产品存在的意义。

4. 水煮鱼调料配方 4

原料	生产配方/kg	原料	生产配方/kg
郫县豆瓣	40	白砂糖	2
菜籽油	60	豆豉	2
食盐	2	野山椒	8
老姜	2	谷氨酸钠	4
大蒜	2	鸡肉香料	0.01(10g)
水泡辣椒	5	青花椒提取物（麻味）	0.4
青花椒	5	乳酸	0.2

发苦和不良风味的水煮鱼调味料可以借鉴这一配方进行调整,即可改变现有产品的不足。

5. 水煮鱼调料配方 5

原料	生产配方/kg	原料	生产配方/kg
郫县豆瓣	170	白砂糖	6
菜籽油	30	豆豉	6
食盐	9	野山椒	5
老姜	8	谷氨酸钠	8
大蒜	3	鸡肉香料	0.1
料酒	8	强化厚味香料	0.5
青花椒	3		

水煮鱼调味料借鉴这一配方进行改进,将改变原有调味料的不足。

6. 水煮鱼调料配方6

原料	生产配方/kg	原料	生产配方/kg
菜籽油	220	辣椒提取物（口感）	3
郫县豆瓣	80	鸡肉香料	1
豆豉	23	花椒油	2
红花椒	6.5	食盐	30
辣椒粉	12	谷氨酸钠	6
八角	4.6	缓释肉粉	1
小茴	0.6	热反应鸡肉粉	1.5
甘草	0.6	乙基麦芽酚	0.1
老姜	15	甜味香辛料	0.1
大蒜	16	I+G	0.3
青花椒	5	烤鸡香型鸡肉香料	0.5
辣椒提取物（辣味）	6		

形成完整口感一条线的水煮鱼调味料是精辟之作,也是这一类调味料被消费者认可的关键。

九、火锅蘸酱配方

1. 火锅蘸酱配方1

原料	生产配方/kg	原料	生产配方/kg
菜籽油	250	辣椒提取物（香味）	0.6
豆豉	150	缓释肉粉	1.2
辣椒粉	10	芝麻	10
鲜味料	4	花生	20
食盐	1	豆瓣	60
白砂糖	2	野山椒	20

香辣缓缓释放,风味延迟时间长。

2. 火锅蘸酱配方 2

原料	生产配方/kg	原料	生产配方/kg
菜籽油	500	辣椒提取物(香味)	0.1
豆豉	300	缓释肉粉	1.5
辣椒提取物	20	芝麻	20
鲜味料	8	花生	40
食盐	2	豆瓣	120
白砂糖	4	天然香辛料	0.05(50g)

地道香辣特征,具有可记忆的特色。

3. 火锅蘸酱配方 3

原料	生产配方/kg	原料	生产配方/kg
菜籽油	250	辣椒提取物(香味)	0.6
豆豉	150	缓释肉粉	1.2
辣椒粉	10	芝麻	10
鲜味料	4	花生	20
食盐	1	豆瓣	60
白砂糖	2	野山椒	20

辣味自然醇厚,天然香味特征明显。

4. 火锅蘸酱配方 4

原料	生产配方/kg	原料	生产配方/kg
菜籽油	500	缓释肉粉	3
豆豉	250	芝麻	20
辣椒提取物	30	花生	40
鲜味料	12	豆瓣	120
食盐	2	天然香辛料	0.2
白砂糖	6	乳酸	0.2
辣椒提取物(香味)	0.1	鸡肉香料	0.02(20g)

独具特点的香辣酱,留味时间较长。

十、拌饭酱配方

1. 拌饭酱配方1

原料	生产配方/kg	原料	生产配方/kg
花生	150	辣椒提取物（辣味）	0.2
豆豉	20	缓释肉粉	0.6
辣椒	5	食盐	2
谷氨酸钠	10	芝麻	10
白砂糖	2	辣椒提取物（香味）	0.1

具有典型餐饮食用价值的复合调味酱。

2. 拌饭酱配方2

原料	生产配方/kg	原料	生产配方/kg
复合调味酱	160	缓释肉粉	0.5
谷氨酸钠	10	食盐	2
白砂糖	2	芝麻	10
辣椒提取物（辣味）	0.2	辣椒提取物（香味）	0.1

传统米饭和面食配料的复合调味酱。

十一、拌面酱配方

1. 拌面酱配方1

原料	生产配方/kg	原料	生产配方/kg
复合调味酱	160	缓释肉粉	0.8
谷氨酸钠	10	食盐	2
白砂糖	2	芝麻	10
辣椒提取物（辣味）	0.2	风味豆豉香料	0.1

东北地区配菜专用复合调味酱。

2．拌面酱配方2

原料	生产配方/kg	原料	生产配方/kg
复合调味酱	160	缓释肉粉	0.8
谷氨酸钠	10	食盐	2
白砂糖	2	芝麻	10
辣椒提取物（辣味）	0.2	肉宝王香料	0.1

山东地区大葱煎饼搭配复合调味酱。

十二、拌菜酱配方

1．拌菜酱配方1

原料	生产配方/kg	原料	生产配方/kg
花生酱	80	辣椒提取物（辣味）	0.2
芝麻酱	10	缓释肉粉	0.8
豆瓣酱	3	食盐	1
辣椒	3	芝麻	2
谷氨酸钠	6	辣椒提取物（色泽）	0.1
白砂糖	1.2		

除了用于拌菜以外，还可以作为涮肥羊专用调味酱。

2．拌菜酱配方2

原料	生产配方/kg	原料	生产配方/kg
东北大酱	70	辣椒提取物（口感）	0.2
食用油	30	大蒜提取物	0.2
酱香老抽香味料	0.2	天然增香调味料	0.3
浓香鸡香料	0.02(20g)	天然增鲜调味料	0.1
鲜味料	3	强化辣味香辛料	0.4

麻辣拌的调味选择，东北口味复合调味酱。

3. 拌菜酱配方3

原料	生产配方/kg	原料	生产配方/kg
豆豉	200	八角粉	4
食用油	20	辣椒提取物（辣味）	0.6
甜味香辛料	0.02（20g）	辣椒粉	5
谷氨酸钠	6	辣椒香味物质	0.4
强化辣味香辛料	0.2	淀粉	200
缓释肉粉	0.2		

西北地区采用菜肴复合调味酱。

4. 拌菜酱配方4

原料	生产配方/kg	原料	生产配方/kg
豆豉	200	辣椒提取物	3
食用油	20	辣椒提取物（辣味）	0.8
甜味香辛料	0.02（20g）	烤牛肉香精	0.1
谷氨酸钠	4	辣椒香味物质	0.2
强化辣味香辛料	0.2	淀粉	200
缓释肉粉	0.2		

火锅常用复合调味酱。

5. 拌菜酱配方5

原料	生产配方/kg	原料	生产配方/kg
豆豉	200	天然增鲜调味料	4
食用油	20	辣椒提取物（辣味）	0.6
天然增香调味料	0.02（20g）	辣椒酱	3
谷氨酸钠	6	烤鸡肉香料	0.4
强化辣味香辛料	0.2	淀粉	200
缓释肉粉	0.2		

火锅专用复合调味酱。

6. 拌菜酱配方6

原料	生产配方/kg	原料	生产配方/kg
黄豆	2200	缓释肉粉	11.8
食用油	20	八角粉	40.5
食盐	24	泡辣椒	268
鲜味料	120	辣椒提取物（辣味）	7.8
强化辣味香辛料	5	脂香强化香料	1.8

该配方为代替发酵豆豉的秘制酱豆,辣味奇特,口感极佳,呈味之经典。

第三十七节　麻辣兰花豆及蚕豆生产技术

一、麻辣蚕豆配方

1. 麻辣蚕豆调料配方

原料	生产配方/kg	原料	生产配方/kg
食盐	80	甜味配料	1
谷氨酸钠	20	辣椒提取物（辣味）	3
I + G	1	辣椒提取物（色泽）	0.2
辣椒粉	30	辣椒香味物质	0.4
花椒粉	20	麻辣专用烤鸡肉粉	9
复合氨基酸	2	兰花豆	添加3-5%
葡萄糖	90		

具有消费者熟悉的地道香辣特征风味。

2. 怪味麻辣胡豆配方

原料	生产配方/kg	原料	生产配方/kg
胡豆	100	玉米粉	4
白砂糖	6	辣椒粉	2
植物油	10	花椒粉	0.4
饴糖	3	食盐	2

传统怪味胡豆特点比较明显。

二、麻辣蟹黄蚕豆配方

1. 麻辣蟹黄蚕豆配方

原料	生产配方/kg	原料	生产配方/kg
油炸胡豆	72	蛋黄粉	6
小麦粉	15	麦芽糊精	0.5
糯米粉	2	I+G	0.02（20g）
淀粉	5	水解植物蛋白粉	0.5
植物油	28	姜黄粉	0.02（20g）
白砂糖	2.8	辣椒粉	0.02（20g）
食盐	2	虾粉	2.2
葡萄糖	6	辣椒提取物（色泽）	0.4
蟹黄粉	2	复合香辛料	6.8
干贝粉	1		

特殊风味和口感提鲜蚕豆的品质,是消费者吃后留下记忆的最大特点。

2. 蟹黄味型麻辣配方

原料	生产配方/kg	原料	生产配方/kg
兰花豆	400	缓释肉粉	0.5
食盐	4	热反应鸡肉粉	4
鲜味料	6	脂香香料	0.2
甜味香辛料	0.2	蟹黄专用香料	5
辣椒提取物（辣味）	0.5		

口感纯正,鲜味独特,自成一个风格。

3. 麻辣蟹黄味型配方

原料	生产配方/kg	原料	生产配方/kg
兰花豆	300	辣椒提取物（色泽）	0.1
葡萄糖	10	热反应鸡肉粉	8

原料	生产配方/kg	原料	生产配方/kg
食盐	4	姜黄色素	0.02（20g）
蛋黄粉	14	乙基麦芽酚	0.1
鲜味料	6.5	蟹肉调味料	0.3

具有纯正蟹黄口感和香味是该产品成功的关键。

三、麻辣兰花豆配方

1. 麻辣兰花豆配方1

原料	生产配方/kg	原料	生产配方/kg
辣椒香味物质	0.001（1g）	水解植物蛋白粉	2
麻辣专用香料	0.1	辣椒提取物（辣味）	2
花椒粉	2	胡椒粉	1
缓释肉粉	4	白砂糖	1
辣椒粉	8	乙基麦芽酚	0.1
鲜味料	4	兰花豆	1000
食盐	13		

香辣特征明显，持久辣味延续效果较好。

2. 麻辣兰花豆配方2

原料	生产配方/kg	原料	生产配方/kg
辣椒提取物（辣味）	3.8	强化厚味香料	4
I＋G	0.1	鸡脂香精	2
乙基麦芽酚	0.1	缓释肉粉	2
食盐	40	甜味香辛料	0.1
鲜味料	40	烤鸡香料	0.2
油辣椒	60	兰花豆	1200

香辣口感连续性较好，持续体现在整个产品入口的过程。

3. 麻辣兰花豆配方 3

原料	生产配方/kg	原料	生产配方/kg
辣椒香味物质	0.001	食盐	13
天然增鲜调味料	0.2	水解植物蛋白粉	2
薄荷香味提取物	0.1	辣椒提取物（辣味）	2
麻辣专用香料	0.2	胡椒粉	1
花椒粉	2	白砂糖	1
缓释肉粉	4	乙基麦芽酚	0.1
辣椒粉	8	兰花豆	1000
鲜味料	4		

独具一格的香辣味是产品被消费者接受的关键。

4. 麻辣兰花豆配方 4

原料	生产配方/kg	原料	生产配方/kg
辣椒香味物质	0.002(2g)	食盐	13
麻辣专用香料	0.1	水解植物蛋白粉	2
腐乳提取物	0.2	辣椒提取物（辣味）	2
糊辣椒香味提取物	0.2	胡椒粉	1
花椒粉	2	白砂糖	1
缓释肉粉	4	乙基麦芽酚	0.1
辣椒粉	8	兰花豆	1000
鲜味料	4		

香辣特征是消费者选择的关键,让熟悉的风味在香辣兰花豆中体现才是成功之处。

四、烧烤麻辣兰花豆配方

1. 烧烤麻辣兰花豆配方 1

原料	生产配方/kg	原料	生产配方/kg
烧烤香味物质	0.1	水解植物蛋白粉	2
麻辣专用香料	0.02(20g)	辣椒提取物（辣味）	1

原料	生产配方/kg	原料	生产配方/kg
花椒粉	0.5	胡椒粉	2
缓释肉粉	6	白砂糖	6
辣椒粉	5	乙基麦芽酚	0.1
鲜味料	4	兰花豆	1000
食盐	10		

烤香和肉香持久是产品被消费者认可的关键。

2. 烧烤麻辣兰花豆配方2

原料	生产配方/kg	原料	生产配方/kg
烧烤香味物质	0.1	食盐	10
天然增香调味料	0.2	水解植物蛋白粉	2
鲜茴香香味物质	0.2	辣椒提取物（辣味）	4
麻辣专用香料	0.02(20g)	胡椒粉	1
花椒粉	0.5	白砂糖	6
缓释肉粉	6	乙基麦芽酚	0.1
辣椒粉	5	兰花豆	1000
鲜味料	4		

提供消费者熟悉的烧烤香味是该配方的优势。

3. 烧烤麻辣兰花豆配方3

原料	生产配方/kg	原料	生产配方/kg
烧烤香味物质	0.1	食盐	10
烤木香香味提取物	0.2	水解植物蛋白粉	2
松针香味物质	0.2	辣椒提取物（辣味）	1
麻辣专用香料	0.02(20g)	胡椒粉	1
花椒粉	0.5	白砂糖	6
缓释肉粉	8	乙基麦芽酚	0.1
辣椒粉	5	兰花豆	1000
鲜味料	4		

烧烤口感呈现一条线分布,这是烧烤风味成功的经典。

4. 烧烤麻辣兰花豆配方4

原料	生产配方/kg	原料	生产配方/kg
孜然提取物	0.2	油辣椒	60
咖喱粉	0.2	强化厚味香料	4
强化辣味调味料	1	鸡脂香料	2
辣椒提取物(辣味)	3.8	缓释肉粉	8
I+G	0.1	甜味香辛料	0.1
乙基麦芽酚	0.1	烧烤牛肉香料	0.1
食盐	40	兰花豆	1200
鲜味料	40		

独具特点的烧烤成为市场需求的热点,尤其是咖喱粉的口感将孜然的烤香延伸。

5. 烧烤麻辣兰花豆配方5

原料	生产配方/kg	原料	生产配方/kg
孜然提取物	0.2	食盐	10
烧烤牛肉香味物质	0.1	水解植物蛋白粉	2
麻辣专用香料	0.02(20g)	辣椒提取物(辣味)	1
花椒粉	0.5	胡椒粉	1
缓释肉粉	9	白砂糖	6
辣椒粉	5	乙基麦芽酚	0.1
鲜味料	4	兰花豆	1000

缓缓来迟的烧烤香味体现在麻辣的底味,产品放置时间越久越香。

6. 烧烤麻辣兰花豆配方6

原料	生产配方/kg	原料	生产配方/kg
孜然提取物	0.2	食盐	10
牛排香料	0.1	水解植物蛋白粉	2
烧烤味专用香料	0.3	辣椒提取物(辣味)	1

续表

原料	生产配方/kg	原料	生产配方/kg
花椒粉	0.5	胡椒粉	1
缓释肉粉	6	白砂糖	6
辣椒粉	6	乙基麦芽酚	0.1
鲜味料	4	兰花豆	1000

吃得出烤肉香味的地道烧烤才是兰花豆被消费者认可的关键,而不是香精味的体现。

五、麻辣鸡肉兰花豆配方

1. 麻辣鸡肉兰花豆配方1

原料	生产配方/kg	原料	生产配方/kg
肉香味物质	0.03(30g)	食盐	11
烤肉香味香料	0.05(50g)	水解植物蛋白粉	2
麻辣专用香料	0.02(20g)	辣椒提取物(辣味)	1
花椒粉	0.2	胡椒粉	1
缓释肉粉	6	白砂糖	1
辣椒粉	5	乙基麦芽酚	0.1
鲜味料	5	兰花豆	1000

具有浓厚纯正自然的肉香特征体现,也是消费者熟悉的淡淡肉香风味。

2. 麻辣鸡肉兰花豆配方2

原料	生产配方/kg	原料	生产配方/kg
烤香鸡肉香味物质	0.09(90g)	食盐	10
烤肉香味香料	0.06(60g)	水解植物蛋白粉	2
麻辣专用香料	0.02(20g)	辣椒提取物(辣味)	1
花椒粉	0.2	胡椒粉	1
缓释肉粉	6	白砂糖	1
辣椒粉	5	乙基麦芽酚	0.1
鲜味料	5	兰花豆	1000

具有烤香鸡肉风味特征,持久的香辣特点明显。

3. 麻辣鸡肉兰花豆配方 3

原料	生产配方/kg	原料	生产配方/kg
清香鸡肉香料	0.2	食盐	11
烤香鸡肉味香料	0.3	水解植物蛋白粉	2
鸡肉味专用香料	0.2	辣椒提取物(辣味)	1
花椒粉	0.2	胡椒粉	1
缓释肉粉	6	白砂糖	1
辣椒粉	5	乙基麦芽酚	0.1
鲜味料	5	兰花豆	1000

鸡肉香味和兰花豆的口感结合成为特色的产品之一。

六、麻辣烤鸡味兰花豆配方

1. 麻辣烤鸡味兰花豆配方 1

原料	生产配方/kg	原料	生产配方/kg
咖喱粉	0.8	油辣椒	60
黑胡椒粉	0.3	强化厚味香料	4
辣椒提取物(辣味)	3.8	鸡脂香精	2
I+G	0.1	缓释肉粉	2
乙基麦芽酚	0.1	甜味香辛料	0.1
食盐	40	烤香鸡肉香料	0.1
鲜味料	40	兰花豆	1200

具有烤鸡香味特征,持久的香辣辅助堪称其特点。

2. 麻辣烤鸡味兰花豆配方 2

原料	生产配方/kg	原料	生产配方/kg
兰花豆	400	花椒粉	3
食盐	4	辣椒粉	14
鲜味料	6	糊辣椒香味料	1
甜味香辛料	0.1	乙基麦芽酚	0.1

续表

原料	生产配方/kg	原料	生产配方/kg
辣椒提取物（辣味）	0.4	脱皮白芝麻	10
缓释肉粉	0.8		

经典的糊辣椒香味和兰花豆的回甜味改变了兰花豆口感。

七、麻辣牛肉味兰花豆配方

1. 麻辣牛肉味兰花豆配方 1

原料	生产配方/kg	原料	生产配方/kg
花椒香味物质	0.1	食盐	13
辣椒香味物质	0.02(20g)	水解植物蛋白粉	2
麻辣专用香料	0.1	辣椒提取物（辣味）	2
花椒粉	2	胡椒粉	1
缓释肉粉	4	白砂糖	1
辣椒粉	8	乙基麦芽酚	0.1
鲜味料	4	兰花豆	1000

体现传统麻辣风味，延长原有的辣味。

2. 麻辣牛肉味兰花豆配方 2

原料	生产配方/kg	原料	生产配方/kg
青花椒香味物质	0.2	油辣椒	60
辣椒香味物质	0.4	强化厚味香料	4
辣椒提取物（辣味）	3.8	鸡脂香精	2
I+G	0.1	缓释肉粉	2
乙基麦芽酚	0.1	甜味香辛料	0.1
食盐	40	烤香鸡肉香料	0.1
鲜味料	40	兰花豆	1200

新派清香麻辣风味，改变原有麻辣风味特点。

3. 麻辣牛肉味兰花豆配方3

原料	生产配方/kg	原料	生产配方/kg
青花椒香味物质	0.2	食盐	13
辣椒香味物质	0.02(20g)	水解植物蛋白粉	2
麻辣专用香料	0.3	辣椒提取物(辣味)	2
花椒粉	2	胡椒粉	1
缓释肉粉	4	白砂糖	1
辣椒粉	8	乙基麦芽酚	0.1
鲜味料	4	兰花豆	1000

清香更自然,麻辣更持久,回味更留长,借鉴经典麻辣兰花豆的优点。

八、蒜香麻辣兰花豆配方

1. 蒜香麻辣兰花豆配方1

原料	生产配方/kg	原料	生产配方/kg
兰花豆	3000	大蒜粉	18
鲜味料	100	大蒜香味提取物	1
缓释肉粉	5	黑胡椒粉	4
热反应鸡肉粉	2	甘草粉	1
白砂糖	4	咖喱粉	6

蒜香本质特征得到体现,是常见的纯正蒜香,还可以用于豌豆等其他蒜香风味的调配。

2. 蒜香麻辣兰花豆配方2

原料	生产配方/kg	原料	生产配方/kg
兰花豆	3000	烤香蒜粉	18
鲜味料	100	烤香大蒜香味提取物	1
缓释肉粉	5	黑胡椒粉	4
热反应鸡肉粉	2	甘草粉	4
白砂糖	4	咖喱粉	2

具有天然独创的蒜香风味,是目前少有的经典蒜香风味的代表作。

九、牛肉味兰花豆配方

原料	生产配方/kg	原料	生产配方/kg
黑胡椒粉	2	油辣椒	60
咖喱粉	2.3	强化厚味香料	4
辣椒提取物(辣味)	3.8	鸡脂香料	2
I+G	0.1	缓释肉粉	2
乙基麦芽酚	0.1	甜味香辛料	0.1
食盐	40	烤香牛肉香料	0.2
鲜味料	40	兰花豆	1200

经典的牛肉香味,而不是牛肉香精的味道,是这一配方的最大特点。

十、山椒麻辣胡豆配方

1. 山椒麻辣胡豆配方1

原料	生产配方/kg	原料	生产配方/kg
炒香胡豆	1700	山椒提取物	0.1
食盐	10	专用辣椒提取物(辣味)	8
野山椒	250	专用调味液 (含复合香辛料)	0.1
鸡油香料	12	白砂糖	10
缓释肉粉	15	辣椒香料	0.02(20g)
热反应鸡肉粉	0.5	谷氨酸钠	40
复合酸味配料	0.002(2g)	I+G	2

是在川东地区消费者群体中具有千年历史的发酵酸菜风味与胡豆香味的结合,工业化是此配方成为一大类食品的关键。

2. 山椒麻辣胡豆配方2

原料	生产配方/kg	原料	生产配方/kg
水泡胡豆	1700	复合酸味配料	0.001（1g）
食盐	10	山椒提取物	0.1
麻辣专用香辛料	0.5	专用辣椒提取物（辣味）	8
强化辣味专用香辛料	0.5	专用调味液（含复合香辛料）	0.1
野山椒	250	白砂糖	10
鸡油香味香料	12	辣椒香料	0.05（50g）
缓释肉粉	15	谷氨酸钠	40
热反应鸡肉粉	0.5	I＋G	2

山椒风味更自然、更传统、更能体现百年前盐水胡豆的精髓,也是传承地方吃法的延续。

3. 山椒麻辣胡豆配方3

原料	生产配方/kg	原料	生产配方/kg
胡豆	510	山椒提取物	0.06（60g）
食盐	22	专用辣椒提取物（辣味）	2.6
野山椒	84	专用调味液（含复合香辛料）	0.2
鸡油香料	3	白砂糖	0.3
缓释肉粉	2.5	辣椒香料	0.02（20g）
热反应鸡肉粉	3.5	谷氨酸钠	12
复合酸味配料	0.1	I＋G	0.2

山椒风味的体现使胡豆的口感更加纯正自然、连续持久。

第三十八节 麻辣山椒豌豆配方

一、麻辣山椒豌豆配方1

原料	生产配方/kg	原料	生产配方/kg
煮熟的豌豆	1700	山椒提取物	0.1
食盐	10	专用辣椒提取物（辣味）	8
野山椒	250	专用调味液（含复合香辛料）	0.1
鸡油香料	12	白砂糖	10
缓释肉粉	15	辣椒香料	0.06(60g)
热反应鸡肉粉	0.5	谷氨酸钠	40
复合酸味配料	0.002(2g)	I+G	2

豌豆具有鸡肉类似口感是这一产品被推荐的原因,也是这一配方的意义。

二、麻辣山椒豌豆配方2

原料	生产配方/kg	原料	生产配方/kg
炒香豌豆	1700	复合酸味配料	0.003(3g)
食盐	10	山椒提取物	0.1
麻辣专用香辛料	0.5	专用辣椒提取物（辣味）	8
强化辣味专用香辛料	0.5	专用调味液（含复合香辛料）	0.1
野山椒	250	白砂糖	10
鸡油香料	12	烤香辣椒香料	0.05(50g)
缓释肉粉	15	谷氨酸钠	40
热反应鸡肉粉	0.5	I+G	2

纯正的山椒风味结合豌豆的口感完美体现风味和口感的连续性,不是一段口感,而是一个连续完整的风味体现。

第三十九节　麻辣健康肉配方

一、麻辣素肉及蛋白肉生产配方

1.麻辣素肉生产配方1

原料	生产配方/kg	原料	生产配方/kg
蛋白肉半成品	200	辣椒油	16
食盐	3	辣椒提取物(辣味)	0.5
鲜味料	4	花椒提取物(麻味)	0.2
缓释肉粉	1	辣椒香味物质	0.2
柠檬酸	0.2	食用油	22
白砂糖	1		

具有纯正的肉的口感和香味,完全实现低胆固醇、低脂肪的特点。

2.麻辣素肉生产配方2

原料	生产配方/kg	原料	生产配方/kg
蛋白肉	100	辣椒油	15
食盐	3	花椒油	0.2
鲜味料	6	脂香提取物	0.4
缓释肉粉	1	孜然提取物	0.3
白砂糖	1	脱皮白芝麻	5
辣椒提取物(辣味)	0.8		

香辣味经典、持久、连续。

3.麻辣素肉生产配方3

原料	生产配方/kg	原料	生产配方/kg
素肉丝	100	辣椒油	20
食盐	3	花椒油	0.2
柠檬酸	0.2	脂香提取物	0.4
鲜味料	6	辣椒香味提取物	0.02(20g)

续表

原料	生产配方/kg	原料	生产配方/kg
缓释肉粉	1	料酒	6
白砂糖	1	酱油	8
辣椒提取物（辣味）	0.8	脱皮白芝麻	5

香辣特征比较突出。

4.麻辣素肉生产配方4

原料	生产配方/kg	原料	生产配方/kg
素牛肉丝	100	辣椒油	20
食盐	3	花椒油	0.2
柠檬酸	0.2	脂香提取物	0.2
鲜味料	6	辣椒香味提取物	0.02(20g)
缓释肉粉	1	料酒	6
白砂糖	1	酱油	8
辣椒提取物（辣味）	0.8	脱皮白芝麻	8

独有的连续香辣口感是其致胜的关键，而不是一些市场上的产品香辣味短，留味时间短、无回味的状况。

二、烧烤麻辣素肉生产配方

1.烧烤麻辣素肉生产配方1

原料	生产配方/kg	原料	生产配方/kg
蛋白肉半成品	100	辣椒油	8.8
食盐	1.6	辣椒提取物（辣味）	0.4
鲜味料	1.8	孜然提取物	0.3
缓释肉粉	0.5	辣椒香味物质	0.1
柠檬酸	0.1	食用油	10
白砂糖	1		

具有烧烤风味特征，留味时间长。

2.烧烤麻辣素肉生产配方2

原料	生产配方/kg	原料	生产配方/kg
素牛肉丝	100	辣椒提取物（辣味）	0.8
食盐	3	辣椒油	22
鲜味料	6	花椒油	0.2
柠檬酸	0.2	脂香提取物	0.2
缓释肉粉	1	烧烤香味提取物	0.6
白砂糖	1	脱皮白芝麻	10

烧烤味突出、自然，无香精味。

3.烧烤麻辣素肉生产配方3

原料	生产配方/kg	原料	生产配方/kg
素肉丝	100	辣椒提取物（辣味）	0.8
食盐	3	辣椒油	22
鲜味料	6	花椒油	0.2
柠檬酸	0.2	脂香提取物	0.2
缓释肉粉	1	烧烤香味提取物	0.6
白砂糖	1	脱皮白芝麻	8

无明显的味精味，形成一条线的烧烤味口感。

4.烧烤麻辣素肉生产配方4

原料	生产配方/kg	原料	生产配方/kg
蛋白肉	100	甜味配料	0.1
食盐	3	缓释肉粉	0.2
油辣椒	20	辣椒提取物（辣味）	0.1
谷氨酸钠	4	强化厚味香料	0.2
烤香牛肉香料	0.2	脂香强化香料	0.2
孜然提取物	0.2	天然增鲜调味料	1.4

该产品经过高温121摄氏度30分钟杀菌，杀菌之后味道更为理想，不添加任何防腐剂即可实现保质期12个月。

三、麻辣牛肉味素肉生产配方

1.麻辣牛肉味素肉生产配方1

原料	生产配方/kg	原料	生产配方/kg
蛋白肉半成品	100	复合氨基酸味香精	0.2
食盐	2	辣椒提取物（辣味）	0.2
鲜味料	3	鸡油香料	0.1
缓释肉粉	0.2	辣椒香味物质	0.1
柠檬酸	0.1	辣椒提取物（色泽）	0.1
白砂糖	2		

麻辣特征为主的味道在杀菌之后极为理想。

2.麻辣牛肉味素肉生产配方2

原料	生产配方/kg	原料	生产配方/kg
蛋白肉半成品	100	强化辣味香辛料	1.9
食盐	2	辣椒提取物（辣味）	0.2
鲜味料	3	辣椒香味专用料	4.2
缓释肉粉	1	辣椒香味物质	0.1
白砂糖	2	辣椒粉	0.3

经典的麻辣味体现在放置一段时间之后味道更为纯正、醇厚、持久，辣味更自然。

3.麻辣牛肉味素肉生产配方3

原料	生产配方/kg	原料	生产配方/kg
油炸好的蛋白肉	220	辣椒提取物（辣味）	0.2
谷氨酸钠	4	辣椒丝	8
食盐	2.1	花椒	2
天然甜味香辛料	0.05(50g)	辣椒提取物（色泽）	0.02(20g)
缓释肉粉	0.5	天然增鲜调味料	0.1
辣椒香味物质	0.1	天然增香调味料	0.2

该产品中辣椒和花椒可以直接吃而不麻辣，辣味持久而不激烈，尤其是花椒不麻不苦是其调味的关键。

四、麻辣山椒味素肉生产配方

原料	生产配方/kg	原料	生产配方/kg
蛋白肉	1715	山椒提取物	0.1
食盐	10	专用辣椒提取物（辣味）	8
野山椒	250	专用调味液（含复合香辛料）	0.1
鸡油香料	12	白砂糖	10
缓释肉粉	15	糊辣椒香料	0.05（50g）
热反应鸡肉粉	0.5	谷氨酸钠	40
复合酸味配料	0.004（4g）	I+G	2

山椒风味在杀菌之后会更自然醇厚，放置时间越久越好吃，山椒口感形成一条直线。

五、麻辣豆筋配方

1.麻辣豆筋配方1

原料	生产配方/kg	原料	生产配方/kg
油炸好的豆筋	220	辣椒提取物（辣味）	0.2
谷氨酸钠	4	辣椒丝	8
食盐	2.1	花椒	2
天然甜味香辛料	0.05（50g）	辣椒提取物（色泽）	0.05（50g）
缓释肉粉	0.5	天然增鲜调味料	0.1
辣椒香味物质	0.1	天然增香调味料	0.2

该产品充分体现辣椒、花椒和豆筋之间缓释释放的特点，辣椒和花椒可以直接吃而不麻辣。

2.麻辣豆筋配方2

原料	生产配方/kg	原料	生产配方/kg
豆筋	600	油辣椒	45
食盐	9	辣椒提取物（辣味）	2.4

原料	生产配方/kg	原料	生产配方/kg
谷氨酸钠	18	青花椒提取物	0.6
缓释肉粉	3	脂香强化香料	0.3
柠檬酸	0.4	辣椒香味物质	0.1
白砂糖	3		

该产品经过高温 121 摄氏度 30 分钟杀菌,不添加任何防腐剂即可实现保质期 12 个月。

3.麻辣豆筋配方 3

原料	生产配方/kg	原料	生产配方/kg
花椒提取物	0.5	食盐	2
食用油	10	辣椒提取物(辣味)	0.2
豆筋	110	缓释肉粉	0.4
花椒	5	辣椒提取物(色泽)	0.1
辣椒	3	辣椒香味提取物	0.1
谷氨酸钠	6	烤牛肉香料	0.1
白砂糖	1.2		

地道麻辣风味不烈而持久,留味效果理想。

六、麻辣手撕素肉配方

麻辣手撕素肉配方

原料	生产配方/kg	原料	生产配方/kg
手撕素肉	250	油辣椒	29
食盐	4	辣椒提取物(辣味)	1.6
谷氨酸钠	6	青花椒提取物	0.5
缓释肉粉	1	脂香强化香料	0.3
柠檬酸	0.1	辣椒香味物质	0.02(20g)
白砂糖	1.2		

该产品完整呈现较高品质的口感,经过高温 121 摄氏度 30 分钟杀菌,不添加任何防腐剂即可实现保质期 12 个月。

七、麻辣纳豆配方

1.麻辣纳豆配方1

原料	生产配方/kg	原料	生产配方/kg
纳豆	100	辣椒香味物质	0.2
木姜子提取物	0.1	辣椒提取物（辣味）	0.3
柠檬酸	0.2	白砂糖	2.6
谷氨酸钠	0.9	辣椒油	3.1
缓释肉粉	2	乙基麦芽酚	0.02(20g)
天然香辛料	0.02(20g)		

可以直接吃的休闲纳豆食品,改变原来的纳豆吃法。

2.麻辣纳豆配方2

原料	生产配方/kg	原料	生产配方/kg
纳豆	150	食盐	3.5
谷氨酸钠	10	辣椒	5
白砂糖	2	麻辣专用复合香辛料	0.06(60g)
辣椒提取物（辣味）	0.3	强化辣味香辛料	0.2
缓释肉粉	0.5	强化口感香辛料	0.3
辣椒提取物（色泽）	0.02(20g)	增香香料	0.1
辣椒提取物（香味）	0.02(20g)		

这是类似风味豆豉的作法,任一吃法均可获得良好效果。

3.麻辣纳豆配方3

原料	生产配方/kg	原料	生产配方/kg
花椒提取物	0.5	食盐	2
食用油	10	辣椒提取物（辣味）	0.2
纳豆	110	缓释肉粉	0.4
花椒	5	辣椒提取物（色泽）	0.1
辣椒	3	辣椒香味提取物	0.1
谷氨酸钠	6	烤牛肉香料	0.1
白砂糖	1.2		

　　麻辣纳豆休闲化吃法,作为休闲食品,口感连续、自然、持久。

4.麻辣纳豆配方4

原料	生产配方/kg	原料	生产配方/kg
油炸好的纳豆	220	辣椒提取物(辣味)	0.2
谷氨酸钠	4	辣椒丝	8
食盐	2.1	花椒	2
天然甜味香辛料	0.02(20g)	辣椒提取物(色泽)	0.05(50g)
缓释肉粉	0.5	天然增鲜调味料	0.1
辣椒香味物质	0.1	天然增香调味料	0.2

　　该产品完全呈现休闲纳豆新吃法,辣椒和花椒可以直接吃而不麻辣。

第四十节　麻辣肉制品生产技术

一、麻辣猪皮配方

1.麻辣猪皮配方1

原料	生产配方/kg	原料	生产配方/kg
煮熟的猪皮	1800	山椒提取物	0.1
食盐	10	专用辣椒提取物(辣味)	8
野山椒	250	专用调味液 (含复合香辛料)	0.1
鸡油香料	12	白砂糖	10
缓释肉粉	15	烤香辣椒香料	0.02(20g)
热反应鸡肉粉	0.5	谷氨酸钠	40
复合酸味配料	0.008(8g)	I+G	2

　　典型山椒猪皮配方将猪皮的味道体现在山椒味之中,无论是休闲食品还是餐饮制作均可。

2.麻辣猪皮配方2

原料	生产配方/kg	原料	生产配方/kg
煮熟的猪皮	1800	复合酸味剂	0.004(4g)
食盐	10	山椒提取物	0.1
麻辣专用香辛料	0.5	专用辣椒提取物(辣味)	8
强化辣味专用香辛料	0.5	专用调味液(含复合香辛料)	0.1
野山椒	250	白砂糖	10
鸡油香料	12	辣椒香料	0.05(50g)
缓释肉粉	15	谷氨酸钠	40
热反应鸡肉粉	0.5	I + G	2

山椒味和猪皮口感形成一条线的口感是该产品在市场上畅销的主要原因。

二、麻辣牛耳配方

1.麻辣牛耳配方1

原料	生产配方/kg	原料	生产配方/kg
猪耳片	2100	山椒提取物	0.1
食盐	10	专用辣椒提取物(辣味)	8
野山椒	250	专用调味液(含复合香辛料)	0.1
鸡油香味香精	12	白砂糖	10
缓释肉粉	15	辣椒香料	0.03(30g)
热反应鸡肉粉	0.5	谷氨酸钠	40
复合酸味配料	0.002(2g)	I + G	2

独有的山椒耳片配方改善了耳片难以入味的现状。

2.麻辣牛耳配方2

原料	生产配方/kg	原料	生产配方/kg
脆耳片	2000	复合酸味配料	0.002(2g)

原料	生产配方/kg	原料	生产配方/kg
食盐	10	山椒提取物	0.1
麻辣专用香辛料	0.5	专用辣椒提取物（辣味）	8
强化辣味专用香辛料	0.5	专用调味液（含复合香辛料）	0.1
野山椒	250	白砂糖	10
鸡油香料	12	辣椒香料	0.05(50g)
缓释肉粉	15	谷氨酸钠	40
热反应鸡肉粉	0.5	I+G	2

经典的山椒风味体现在脆耳的口感之中,兼顾回味持久。

三、麻辣牛板筋配方

1.麻辣牛板筋配方1

原料	生产配方/kg	原料	生产配方/kg
牛板筋	2000	辣椒油	100
鲜味料	30	辣椒香料	3
食盐	30	牛板筋专用复合香料	3
肉味粉	10	山梨酸钾	按国家相关标准添加
孜然提取物	0.3	脱氢醋酸钠	按国家相关标准添加
柠檬酸	1	天然增鲜调味料	0.4
白砂糖	10	复合磷酸盐	0.2

2.麻辣牛板筋配方2

原料	生产配方/kg	原料	生产配方/kg
牛板筋	2000	白砂糖	10
鲜味料	40	辣椒油	150
牛肉膏	5	辣椒香精	3
牛肉粉	10	牛板筋专用复合香料	3
辣椒提取物（辣味）	8	山梨酸钾	按国家相关标准添加

原料	生产配方/kg	原料	生产配方/kg
食盐	30	脱氢醋酸钠	按国家相关标准添加
肉味粉	10	天然增鲜调味料	0.3
孜然提取物	0.4	复合磷酸盐	0.2
柠檬酸	1		

经典的辣味持久、连续、自然。

3.麻辣牛板筋配方3

原料	生产配方/kg	原料	生产配方/kg
牛板筋	100	辣椒油	20
食盐	3	花椒油	0.2
柠檬酸	0.2	脂香提取物	0.2
鲜味料	6	辣椒香味提取物	0.02(20g)
缓释肉粉	1	料酒	6
白砂糖	1	酱油	8
辣椒提取物(辣味)	0.5	脱皮白芝麻	5

具有香辣特色的牛板筋,也是市场上常见的牛板筋配方。

4.麻辣牛板筋配方4

原料	生产配方/kg	原料	生产配方/kg
牛板筋	100	辣椒提取物(辣味)	0.8
食盐	3	辣椒油	22
鲜味料	6	花椒油	0.2
柠檬酸	0.2	脂香提取物	0.2
缓释肉粉	1	烧烤香味提取物	0.4
白砂糖	1	脱皮白芝麻	12

具有明显烧烤特征风味的牛板筋,也是休闲吃法的典型。

5.麻辣牛板筋配方5

原料	生产配方/kg	原料	生产配方/kg
辣椒香味提取物	0.1	辣椒油	15
牛肉强化香辛料	0.2	乙基麦芽酚	0.02(20g)
辣味强化香辛料	0.2	I+G	0.03(30g)
牛板筋	220	烤香牛肉香料	0.2
食盐	3	香葱油	0.2
谷氨酸钠	4	脱皮白芝麻	5
缓释肉粉	0.5	天然增鲜调味料	0.1
白砂糖	2	天然增香调味料	0.1
辣椒提取物(辣味)	0.8		

具有香辣特征风味的牛板筋产品,放置时间越长越好吃。

6.麻辣牛板筋配方6

原料	生产配方/kg	原料	生产配方/kg
烤香孜然粉	0.4	辣椒提取物(辣味)	0.8
烤香孜然提取物	0.4	辣椒油	15
辣椒香味提取物	0.1	乙基麦芽酚	0.02(20g)
牛肉强化香辛料	0.2	I+G	0.02(20g)
辣味强化香辛料	0.2	烤香牛肉香料	0.2
牛板筋	220	香葱油	0.2
食盐	3	脱皮白芝麻	5
谷氨酸钠	4	天然增鲜调味料	0.1
缓释肉粉	0.5	天然增香调味料	0.1
白砂糖	2		

独特烤香牛板筋风味化产品,也是消费者百吃不厌的产品之一。

7.麻辣牛板筋配方7

原料	生产配方/kg	原料	生产配方/kg
孜然粉	0.3	辣椒油	15
辣椒香味提取物	0.1	乙基麦芽酚	0.02(20g)

续表

原料	生产配方/kg	原料	生产配方/kg
牛肉强化香辛料	0.2	I+G	0.03（30g）
辣味强化香辛料	0.2	烤香牛肉香料	0.2
牛板筋	200	香葱油	0.2
食盐	3	脱皮白芝麻	5
谷氨酸钠	4	天然增鲜调味料	0.1
缓释肉粉	0.5	天然增香调味料	0.1
白砂糖	2	孜然提取物	0.2
辣椒提取物（辣味）	0.8		

四、麻辣兔肉配方

1.麻辣兔头专用调味料配方

原料	生产配方/kg	原料	生产配方/kg
食盐	90	辣椒提取物（口感）	24
谷氨酸钠	120	青花椒提取物	6
白砂糖	30	辣椒香味物质	1
辣椒油	450	牛排香味物质	0.1

该配料是适合于兔肉、兔头调味的复合调味料配方。

2.麻辣兔肉配方

原料	生产配方/kg	原料	生产配方/kg
花椒提取物	0.5	食盐	2
食用油	10	辣椒提取物（辣味）	0.2
兔肉丝	110	缓释肉粉	0.4
花椒	5	辣椒提取物（色泽）	0.1
辣椒	3	辣椒香味提取物	0.1
谷氨酸钠	6	糊辣椒香料	0.1
白砂糖	1.2		

体现麻辣风味兔肉的完整口感,持续、自然、醇香是该配方的优势。

五、麻辣椒香鸭翅配方

1.麻辣椒香鸭翅配方1

原料	生产配方/kg	原料	生产配方/kg
食用油	10	食盐	2
鸭翅	180	辣椒提取物（辣味）	0.2
花椒	5	缓释肉粉	0.4
辣椒	3	辣椒提取物（色泽）	0.1
谷氨酸钠	6	辣椒香味提取物	0.1
白砂糖	1.2	烤香牛肉香料	0.1

具有持久、自然、醇厚香辣特征风味。

2.麻辣椒香鸭翅配方2

原料	生产配方/kg	原料	生产配方/kg
花椒提取物	0.5	食盐	2
食用油	10	辣椒提取物（辣味）	0.2
鸭翅	180	缓释肉粉	0.4
花椒	5	辣椒提取物（色泽）	0.1
辣椒	3	辣椒香味提取物	0.1
谷氨酸钠	6	烤香复合香料	0.1
白砂糖	1.2		

六、麻辣蚕蛹配方

1.麻辣蚕蛹配方1

原料	生产配方/kg	原料	生产配方/kg
蚕蛹	200	乙基麦芽酚	0.02(20g)
食盐	3	I + G	0.03(30g)
谷氨酸钠	4	烤香牛肉香料	0.2
缓释肉粉	0.5	香葱油	0.2

原料	生产配方/kg	原料	生产配方/kg
白砂糖	2	脱皮白芝麻	6
辣椒提取物（辣味）	0.8	天然增鲜调味料	0.1
辣椒油	15	天然增香调味料	0.2

口感纯正一条线的高蛋白天然休闲食品。

2.麻辣蚕蛹配方2

原料	生产配方/kg	原料	生产配方/kg
辣椒香味提取物	0.1	乙基麦芽酚	0.02(20g)
蚕蛹	200	I+G	0.02(20g)
食盐	3	烤香牛肉香料	0.2
谷氨酸钠	4	香葱油	0.2
缓释肉粉	0.5	脱皮白芝麻	5
白砂糖	2	天然增鲜调味料	0.1
辣椒提取物（辣味）	0.8	天然增香调味料	0.1
辣椒油	15		

七、麻辣牛肉配方

1.麻辣牛肉配方1

原料	生产配方/kg	原料	生产配方/kg
辣椒香味提取物	0.1	辣椒油	15
牛肉强化香辛料	0.2	乙基麦芽酚	0.02(20g)
辣味强化香辛料	0.2	I+G	0.03(30g)
牛肉	200	烤香牛肉香料	0.2
食盐	3	香葱油	0.1
谷氨酸钠	4	脱皮白芝麻	5
缓释肉粉	0.5	天然增鲜调味料	0.1
白砂糖	2	天然增香调味料	0.1
辣椒提取物（辣味）	0.8		

2.麻辣牛肉配方2

原料	生产配方/kg	原料	生产配方/kg
蛋白肉	160	辣椒提取物（辣味）	0.8
辣椒香味提取物	0.1	辣椒油	15
牛肉强化香辛料	0.2	乙基麦芽酚	0.02(20g)
辣味强化香辛料	0.2	I+G	0.03(30g)
牛肉	40	烤香牛肉香料	0.2
食盐	3	香葱油	0.2
谷氨酸钠	4	脱皮白芝麻	5
缓释肉粉	0.5	天然增鲜调味料	0.1
白砂糖	2	天然增香调味料	0.5

强化牛肉的本质口感,区别于一些牛肉制品杀菌之后味道消失的情况。

3.麻辣牛肉配方3

原料	生产配方/kg	原料	生产配方/kg
食用油	10	辣椒提取物（辣味）	0.2
牛肉丝	220	缓释肉粉	0.4
辣椒	3	辣椒提取物（色泽）	0.1
谷氨酸钠	6	辣椒香味提取物	0.1
白砂糖	1.2	烤香牛肉香料	0.1
食盐	2		

4.烧烤麻辣牛肉配方

原料	生产配方/kg	原料	生产配方/kg
孜然粉	0.3	辣椒油	15
辣椒香味提取物	0.1	乙基麦芽酚	0.02(20g)
牛肉强化香辛料	0.2	I+G	0.03(30g)
辣味强化香辛料	0.2	烤香牛肉香料	0.2
牛肉	200	香葱油	0.2
食盐	3	脱皮白芝麻	8

原料	生产配方/kg	原料	生产配方/kg
谷氨酸钠	4	天然增鲜调味料	0.1
缓释肉粉	0.5	天然增香调味料	0.1
白砂糖	2	孜然提取物	0.2
辣椒提取物(辣味)	0.8		

烧烤特征风味在杀菌之后仍旧能完美体现才是关键。

5.麻辣牛肉配方4

原料	生产配方/kg	原料	生产配方/kg
牛肉	100	辣椒提取物(辣味)	0.8
孜然粉	0.3	辣椒油	15
辣椒香味提取物	0.1	乙基麦芽酚	0.02(20g)
牛肉强化香辛料	0.2	I+G	0.03(30g)
辣味强化香辛料	0.2	烤香牛肉香料	0.2
蛋白肉	100	香葱油	0.2
食盐	3	脱皮白芝麻	5
谷氨酸钠	4	天然增鲜调味料	0.1
缓释肉粉	0.5	天然增香调味料	0.4
白砂糖	2	孜然提取物	0.2

八、麻辣鸡丝配方

1.麻辣鸡丝配方1

原料	生产配方/kg	原料	生产配方/kg
菜籽油	125	白砂糖	2
鸡肉	300	辣椒鸡香味物质	0.01(10g)
辣椒	15	缓释肉粉	1.2
谷氨酸钠	10	辣椒提取物(色泽)	0.3
食盐	5		

2.麻辣鸡丝配方 2

原料	生产配方/kg	原料	生产配方/kg
菜籽油	60	白砂糖	1
鸡肉	150	辣椒鸡香味物质	0.06(60g)
辣椒	8	缓释肉粉	0.6
谷氨酸钠	5	辣椒提取物(色泽)	0.05(50g)
食盐	1		

3.麻辣鸡丝配方 3

原料	生产配方/kg	原料	生产配方/kg
花椒提取物	0.6	食盐	2
食用油	10	辣椒提取物(辣味)	0.2
烘半干的鸡肉	150	缓释肉粉	0.4
花椒	5	辣椒提取物(色泽)	0.1
辣椒	3	辣椒香味提取物	0.1
谷氨酸钠	6	烤香牛肉香料	0.1
白砂糖	1.2		

九、手撕肉配方

原料	生产配方/kg	原料	生产配方/kg
手撕肉丝	117	辣椒提取物(色泽)	0.06(60g)
芝麻	32	辣椒提取物(辣味)	0.6
食盐	4.5	辣椒香味物质	0.03(30g)
鲜味料	3	烤香牛肉香料	0.06(60g)
缓释肉粉	0.4	麻辣风味专用香辛料	0.1
白砂糖	1.6	脂香强化香料	0.2
辣椒油	15	强化厚味香料	0.2

十、麻辣肉丝配方

原料	生产配方/kg	原料	生产配方/kg
油炸肉丝	117	辣椒提取物（色泽）	0.02（20g）
芝麻	32	辣椒提取物（辣味）	0.6
食盐	4.5	花椒提取物	0.2
鲜味料	3	烤香牛肉香料	0.02（20g）
缓释肉粉	0.4	麻辣风味专用香辛料	0.03（30g）
白砂糖	1.6	脂香强化香料	0.03（30g）
辣椒油	15	强化厚味香料	0.5

肉丝深加工休闲化，无论是牛肉、羊肉、鱼肉、鸡肉还是鸭肉、猪肉，均可采用该配方进行深加工。

十一、麻辣鹌鹑配方

1.麻辣鹌鹑配方1

原料	生产配方/kg	原料	生产配方/kg
油炸鹌鹑	2000	白砂糖	12
食盐	30	辣椒油	200
鲜味料	41	鸡肉粉	20
缓释肉粉	11	辣椒提取物（辣味）	4
孜然提取物	0.4	青花椒提取物	4
柠檬酸	1.2		

烧烤味鹌鹑食品，是休闲肉制品中的特色产品之一。

2.麻辣鹌鹑配方2

原料	生产配方/kg	原料	生产配方/kg
辣椒香味提取物	0.1	柠檬酸	0.4
油炸鹌鹑	2000	白砂糖	8
食盐	32	辣椒油	190

续表

原料	生产配方/kg	原料	生产配方/kg
鲜味料	42	鸡肉粉	22
缓释肉粉	10	辣椒提取物(辣味)	6
复合香辛料提取物	0.2	青花椒提取物	2

具有香辣风味的油炸鹌鹑制品,尤其是辣味特征比较突出。

3.麻辣鹌鹑配方3

原料	生产配方/kg	原料	生产配方/kg
麻辣专用香辛料	0.1	柠檬酸	0.9
油炸鹌鹑	2000	白砂糖	15
食盐	33	辣椒油	198
鲜味料	38	鸡肉粉	16
缓释肉粉	9	辣椒提取物(辣味)	8
强化辣味香料	0.2	青花椒提取物	1.9

4.麻辣鹌鹑配方4

原料	生产配方/kg	原料	生产配方/kg
山椒提取物	0.002(2g)	野山椒	41
油炸鹌鹑	2000	谷氨酸钠	16
食盐	10	鸡油香精	1
甜味配料	1	香辛料提取物	0.02(20g)
辣椒提取物(辣味)	5	乳酸	2
缓释肉粉	10	复合磷酸盐	0.02(20g)
白砂糖	12		

具有山椒特征风味的油炸鹌鹑食品,入味效果较好。

十二、麻辣鹅掌配方

原料	生产配方/kg	原料	生产配方/kg
花椒提取物	0.5	食盐	2
食用油	10	辣椒提取物(辣味)	0.2
鹅掌	180	缓释肉粉	0.9
花椒	5	辣椒提取物(色泽)	0.1
辣椒	3	辣椒香味提取物	0.1
谷氨酸钠	6	烤香香料	0.2
白砂糖	1.2		

麻辣体现在纯正、自然、醇厚的风味和口感。

十三、麻辣牛蹄筋配方

1.麻辣牛蹄筋配方1

原料	生产配方/kg	原料	生产配方/kg
煮熟的牛蹄筋	1700	山椒提取物	0.1
食盐	10	专用辣椒提取物 (辣味)	8
野山椒	250	专用调味液 (含复合香辛料)	0.1
鸡油香料	12	白砂糖	14
缓释肉粉	15	辣椒香料	0.05(50g)
热反应鸡肉粉	0.5	谷氨酸钠	40
复合酸味配料	0.002(2g)	I+G	2

特征风味明显,消费者认可的山椒味渗透到牛蹄筋之中。

2.麻辣牛蹄筋配方2

原料	生产配方/kg	原料	生产配方/kg
煮熟的牛蹄筋	1450	复合酸味配料	0.002(2g)
食盐	10	山椒提取物	0.1

续表

原料	生产配方/kg	原料	生产配方/kg
麻辣专用香辛料	0.5	专用辣椒提取物 （辣味）	8
强化辣味专用香辛料	0.5	专用调味液 （含复合香辛料）	0.1
野山椒	250	白砂糖	10
鸡油香料	12	辣椒香料	0.05（50g）
缓释肉粉	15	谷氨酸钠	40
热反应鸡肉粉	0.5	I + G	2

3.麻辣牛蹄筋配方3

原料	生产配方/kg	原料	生产配方/kg
煮熟的牛蹄筋	100	辣椒油	20
食盐	3	花椒油	0.2
柠檬酸	0.2	脂香提取物	0.2
鲜味料	6	辣椒香味提取物	0.02（20g）
缓释肉粉	7	料酒	6
白砂糖	1	酱油	8
辣椒提取物（辣味）	0.8	脱皮白芝麻	5

4.麻辣牛蹄筋配方4

原料	生产配方/kg	原料	生产配方/kg
煮熟的牛蹄筋	100	辣椒提取物（辣味）	0.8
食盐	3	辣椒油	22
鲜味料	6	花椒油	0.2
柠檬酸	0.2	脂香提取物	0.2
缓释肉粉	4	烧烤香味提取物	0.6
白砂糖	1	脱皮白芝麻	12

十四、麻辣龙虾配方

原料	生产配方/kg	原料	生产配方/kg
龙虾	500	芝麻	16
辣椒	25	红花椒	3
谷氨酸钠	35	鸡肉香精	0.1
白砂糖	6.5	食用油	50
辣椒提取物（辣味）	2.5	缓释肉粉	2.8
辣椒提取物（色泽）	0.1	强化厚味香料	0.2
辣椒香味物质	0.1	强化辣味香料	0.3
食盐	15	增味配料	0.2

餐饮制作经典配方，便于规范化、标准化、风味一致化的系统性开发。

十五、麻辣鸡肉丸配方

1.麻辣鸡肉丸配方1

原料	生产配方/kg	原料	生产配方/kg
鸡肉丸子	100	辣椒油	20
食盐	3	花椒油	0.4
柠檬酸	0.2	脂香提取物	0.2
鲜味料	6	辣椒香味提取物	0.02（20g）
缓释肉粉	1	料酒	6
白砂糖	1	酱油	8
辣椒提取物（辣味）	0.8	脱皮白芝麻	5

2.麻辣鸡肉丸配方2

原料	生产配方/kg	原料	生产配方/kg
鸡肉丸子	100	辣椒提取物（辣味）	0.8
食盐	3	辣椒油	22
鲜味料	6	花椒油	0.2

原料	生产配方/kg	原料	生产配方/kg
柠檬酸	0.2	脂香提取物	0.2
缓释肉粉	1	烧烤香味提取物	0.6
白砂糖	1	脱皮白芝麻	8

十六、麻辣烧烤牛肚配方

原料	生产配方/kg	原料	生产配方/kg
牛肚丝	230	辣椒油	15
孜然粉	0.3	乙基麦芽酚	0.02(20g)
辣椒香味提取物	0.1	I+G	0.03(30g)
牛肉强化香辛料	0.2	烤香牛肉香料	0.1
辣味强化香辛料	0.2	香葱油	0.2
食盐	3	脱皮白芝麻	5
谷氨酸钠	4	天然增鲜调味料	0.1
缓释肉粉	0.5	天然增香调味料	0.1
白砂糖	2	孜然提取物	0.2
辣椒提取物(辣味)	0.8		

独特的牛肚休闲食品制作配方,使牛肚入味是其关键的调味技巧,也是可以做出特色的关键点。

第四十一节　麻辣鱼生产技术

一、麻辣鱼配方

1.麻辣鱼配方1

原料	生产配方/kg	原料	生产配方/kg
油炸鱼肉干	200	辣椒香味提取物	0.2
食盐	2	辣椒提取物(辣味)	0.9

原料	生产配方/kg	原料	生产配方/kg
鲜味料	3	辣椒提取物（色泽）	0.2
肉味粉	2	脱皮白芝麻	5
辣椒油	5	天然增香调味料	0.1
麻辣专用香辛料	1.1	天然增鲜调味料	0.1
白砂糖	2	乙基麦芽酚	按国家相关标准添加

2.麻辣鱼配方2

原料	生产配方/kg	原料	生产配方/kg
油炸鱼肉干	100	白砂糖	2
食盐	1	辣椒香味提取物	0.002（2g）
青花椒提取物	0.5	辣椒提取物（辣味）	0.5
水解植物蛋白粉	1	辣椒提取物（色泽）	0.1
鲜味料	1.5	脱皮白芝麻	2
肉味粉	0.8	天然增香调味料	0.1
辣椒油	2.5	天然增鲜调味料	0.1
牛肉香料	0.002（2g）	乙基麦芽酚	按国家相关标准添加

建议市场上没有明显麻辣风味的产品借鉴这一配方进行调整,这会改变原来产品的回味。

3.麻辣鱼配方3

原料	生产配方/kg	原料	生产配方/kg
油炸鱼肉干	100	白砂糖	1
食盐	0.5	辣椒香味提取物	0.002（2g）
孜然提取物	0.2	辣椒提取物（辣味）	0.5
水解植物蛋白粉	0.5	辣椒提取物（色泽）	0.1
鲜味料	1.5	脱皮白芝麻	1
肉味粉	0.6	天然增香调味料	0.05（50g）
辣椒油	2.5	天然增鲜调味料	0.05（50g）
牛肉香料	0.002（2g）	乙基麦芽酚	按国家相关标准添加

若想改变麻辣味道短、香味不自然、香辛料不协调,可采用这一配方。

4.麻辣鱼配方4

原料	生产配方/kg	原料	生产配方/kg
油炸鱼肉干	200	辣椒香味提取物	0.005(5g)
食盐	2	辣椒提取物(辣味)	0.9
鲜味料	3	辣椒提取物(色泽)	0.06(60g)
肉味粉	1	脱皮白芝麻	2
辣椒油	12	天然增香调味料	0.05(50g)
牛肉香料	0.05(50g)	天然增鲜调味料	0.05(50g)
白砂糖	2	乙基麦芽酚	0.002(2g)

5.麻辣鱼配方5

原料	生产配方/kg	原料	生产配方/kg
油炸鱼肉干	200	辣椒香味提取物	按国家相关标准添加
食盐	2	辣椒提取物(辣味)	0.4
鲜味料	3	辣椒提取物(色泽)	按国家相关标准添加
肉味粉	1	脱皮白芝麻	2
辣椒油	20	天然增香调味料	按国家相关标准添加
清香牛肉香料	0.01(10g)	天然增鲜调味料	按国家相关标准添加
甜味配料	0.05(50g)	乙基麦芽酚	按国家相关标准添加

持久的回味才是该配方的特色。

6.麻辣鱼配方6

原料	生产配方/kg	原料	生产配方/kg
油炸鱼肉干	200	辣椒油	40
食盐	1	辣椒香味提取物	0.4
甜味配料	0.1	辣椒提取物(辣味)	0.2
增香粉	0.1	辣椒提取物(色泽)	0.06(60g)
鲜味料	3	脱皮白芝麻	2
肉味粉	1		

自然辣椒香味和肉香相互烘托是本配方的特色。

7.麻辣鱼配方7

原料	生产配方/kg	原料	生产配方/kg
油炸鱼肉干	200	白砂糖	2
食盐	1	辣椒香味提取物	0.1
谷氨酸钠	3	辣椒提取物（辣味）	0.02(20g)
肉味粉	0.2	辣椒提取物（色泽）	0.05(50g)
辣椒油	40	脱皮白芝麻	8
鱼肉香料	0.02(20g)		

8.麻辣鱼配方8

原料	生产配方/kg	原料	生产配方/kg
油炸鱼肉干	1000	白砂糖	1
食盐	10	辣椒香味提取物	4
谷氨酸钠	30	辣椒提取物（辣味）	0.2
I+G	1.2	辣椒提取物（色泽）	0.5
肉味粉	10	脱皮白芝麻	20
辣椒油	400		

9.麻辣鱼配方9

原料	生产配方/kg	原料	生产配方/kg
油炸鱼肉干	100	烤香牛肉香料	0.02(20g)
食盐	0.2	白砂糖	0.5
谷氨酸钠	0.5	辣椒提取物（辣味）	0.2
I+G	0.02(20g)	辣椒提取物（色泽）	0.2
肉味粉	0.1	脱皮白芝麻	1
辣椒油	20		

二、麻辣鱼块配方

1.麻辣鱼块配方1

原料	生产配方/kg	原料	生产配方/kg
鱼肉块	200	青花椒提取物	0.2
食盐	0.2	辣椒香味提取物	0.02(20g)
谷氨酸钠	1.2	烤香牛肉香料	0.2
辣椒油	15	强化厚味香料	0.2
辣椒提取物(辣味)	0.8	脂香强化香料	0.2

鱼块的入味效果好,不返咸味。

2.麻辣鱼块配方2

原料	生产配方/kg	原料	生产配方/kg
鱼肉块	190	青花椒提取物	0.2
食盐	1.2	辣椒香味提取物	0.2
谷氨酸钠	1.2	醇香牛肉香料	0.1
辣椒油	16	强化厚味香料	0.2
辣椒提取物(辣味)	0.6	脂香强化香料	0.5

3.麻辣鱼块配方3

原料	生产配方/kg	原料	生产配方/kg
鱼肉块	190	青花椒提取物	0.2
香辣专用香料	0.2	辣椒香味提取物	0.5
食盐	1.2	醇香牛肉香料	0.1
谷氨酸钠	1.2	黑胡椒粉	0.2
脱皮白芝麻	6	强化厚味香料	0.2
辣椒油	16	脂香强化香料	0.3
辣椒提取物(辣味)	0.6		

4.麻辣鱼块配方4

原料	生产配方/kg	原料	生产配方/kg
鱼肉块	190	辣椒提取物(辣味)	0.6
酸草	0.2	青花椒提取物	0.6
糊辣椒香料	0.2	辣椒香味提取物	0.2
食盐	1.2	醇香牛肉香料	0.1
谷氨酸钠	1.2	黑胡椒粉	0.2
脱皮白芝麻	6	强化厚味香料	0.2
辣椒油	16	脂香强化香料	0.3

三、麻辣鱼条配方

1.麻辣鱼条配方1

原料	生产配方/kg	原料	生产配方/kg
鱼肉条	200	烤香牛肉香料	0.1
食盐	0.2	强化厚味香料	0.1
谷氨酸钠	1.3	脂香强化香料	0.2
辣椒油	15	脱皮白芝麻	6
辣椒提取物(辣味)	0.9	天然增鲜调味料	0.1
青花椒提取物	0.4	天然增香调味料	0.1
辣椒香味提取物	0.2		

2.麻辣鱼条配方2

原料	生产配方/kg	原料	生产配方/kg
鱼肉条	200	烤香牛肉香料	0.2
食盐	1.6	强化厚味香料	0.7
谷氨酸钠	1.2	脂香强化香料	0.1
辣椒油	16	脱皮白芝麻	5
辣椒提取物(辣味)	0.8	天然增鲜调味料	0.1

原料	生产配方/kg	原料	生产配方/kg
青花椒提取物	0.2	天然增香调味料	0.1
辣椒香味提取物	0.2		

该配方特点是将新派青花椒香味体现到鱼肉内部,香而不腻。无论是制作休闲食品还是卤制品均可借鉴。

四、麻辣小鱼仔配方

1.麻辣小鱼仔配方 1

原料	生产配方/kg	原料	生产配方/kg
鱼	2000	柠檬酸	1
食盐	30	白砂糖	10
谷氨酸钠	40	辣椒油	150
I + G	2	辣椒提取物(辣味)	9
缓释肉粉	10	青花椒提取物	5
孜然香味提取物	4		

该配方适合于 12～22 克小包装规格调味鱼生产。

2.麻辣小鱼仔配方 2

原料	生产配方/kg	原料	生产配方/kg
鱼	2000	柠檬酸	1
食盐	30	白砂糖	10
谷氨酸钠	40	辣椒油	150
I + G	2	辣椒提取物(辣味)	9
缓释肉粉	10	青花椒提取物	2
辣椒香味提取物	0.5		

该配方适合于 12～22 克小包装规格调味鱼生产。

五、麻辣鱿鱼配方

1.麻辣鱿鱼配方1

原料	生产配方/kg	原料	生产配方/kg
鱿鱼	100	辣椒油	20
食盐	3	花椒油	0.2
柠檬酸	0.2	脂香提取物	0.2
鲜味料	6.6	辣椒香味提取物	0.02(20g)
缓释肉粉	1	料酒	6
白砂糖	1	酱油	8
辣椒提取物(辣味)	0.8	脱皮白芝麻	5

该配方为香辣味休闲鱿鱼产品制作配方,可作为休闲食品生产,也可作为餐饮调味制作参考。

2.麻辣鱿鱼配方2

原料	生产配方/kg	原料	生产配方/kg
鱿鱼	100	辣椒提取物(辣味)	0.8
食盐	3	辣椒油	22
鲜味料	6	花椒油	0.2
柠檬酸	0.2	脂香提取物	0.4
缓释肉粉	1	烧烤香味提取物	0.6
白砂糖	1	脱皮白芝麻	12

具有烧烤特征风味的鱿鱼休闲食品配方,是常见的铁板鱿鱼工业化作法的体现。

3.麻辣鱿鱼配方3

原料	生产配方/kg	原料	生产配方/kg
鱿鱼丝	190	青花椒提取物	0.2
食盐	1.2	辣椒香味提取物	0.2
谷氨酸钠	1.2	醇香牛肉香料	0.1

续表

原料	生产配方/kg	原料	生产配方/kg
辣椒油	16	强化厚味香料	0.2
辣椒提取物(辣味)	0.6	脂香强化香料	0.1

4.麻辣鱿鱼配方4

原料	生产配方/kg	原料	生产配方/kg
鱿鱼丝	200	烤香牛肉香料	0.2
食盐	1.6	强化厚味香料	0.3
谷氨酸钠	1.2	脂香强化香料	0.1
辣椒油	16	脱皮白芝麻	5
辣椒提取物(辣味)	0.8	天然增鲜调味料	0.1
青花椒提取物	0.2	天然增香调味料	0.5
辣椒香味提取物	0.2		

5.麻辣鱿鱼配方5

原料	生产配方/kg	原料	生产配方/kg
鱿鱼	200	烤香牛肉香料	0.1
食盐	0.2	强化厚味香料	0.1
谷氨酸钠	1.3	脂香强化香料	0.2
辣椒油	15	脱皮白芝麻	6
辣椒提取物(辣味)	0.9	天然增鲜调味料	0.1
青花椒提取物	0.2	天然增香调味料	0.7
辣椒香味提取物	0.2		

6.麻辣鱿鱼配方6

原料	生产配方/kg	原料	生产配方/kg
鱿鱼	2000	柠檬酸	1
食盐	30	白砂糖	10
谷氨酸钠	40	辣椒油	150
I+G	2	辣椒提取物(辣味)	9

原料	生产配方/kg	原料	生产配方/kg
缓释肉粉	10	青花椒提取物	3.2
孜然香味提取物	4		

具有典型烧烤香味,该配方适合于 12～22 克小包装规格调味鱼生产。

7.麻辣鱿鱼配方 7

原料	生产配方/kg	原料	生产配方/kg
天然辣椒香味物质	0.02（20g）	孜然香味提取物	4
孜然粉	0.4	柠檬酸	1
鱿鱼	2000	白砂糖	10
食盐	30	辣椒油	150
谷氨酸钠	40	辣椒提取物（辣味）	9
I + G	2	青花椒提取物	2
缓释肉粉	10		

该配方具有强烈的烧烤味,适合于 12～22 克小包装规格调味鱼生产。

8.麻辣鱿鱼配方 8

原料	生产配方/kg	原料	生产配方/kg
鱿鱼	200	专用调味液 （含复合香辛料）	1.7
食盐	3	野山椒	2.9
谷氨酸钠	4	专用辣椒提取物 （辣味）	1.4
I + G	0.2	白砂糖	1
缓释肉粉	1	山椒提取物	0.02（20g）
复合酸味配料	0.15	辣椒香料	0.02（20g）

具有独特山椒风味的鱿鱼丝,尤其是长时间放置后山椒风味更加突出。

9.麻辣鱿鱼配方9

原料	生产配方/kg	原料	生产配方/kg
煮熟的鱿鱼	1400	山椒提取物	0.1
食盐	10	专用辣椒提取物（辣味）	8
去腥香辛料	2	专用调味液（含复合香辛料）	0.1
野山椒	250	白砂糖	12
鸡油香味香料	12	辣椒香料	0.05（50g）
缓释肉粉	15	谷氨酸钠	40
热反应鸡肉粉	0.5	I＋G	2
复合酸味配料	0.002（2g）		

10.麻辣鱿鱼配方10

原料	生产配方/kg	原料	生产配方/kg
煮熟的鱿鱼	140	山椒提取物	0.03（30g）
食盐	2	专用辣椒提取物（辣味）	0.6
去腥香辛料	0.1	专用调味液（含复合香辛料）	0.02（20g）
野山椒	22	白砂糖	0.6
鸡油香料	0.2	辣椒香料	0.02（20g）
缓释肉粉	0.8	谷氨酸钠	3.6
热反应鸡肉粉	0.8	I＋G	0.2
复合酸味剂	0.02（20g）		

11.麻辣鱿鱼配方11

原料	生产配方/kg	原料	生产配方/kg
鱿鱼	220	辣椒油(含复合香辛料)	15
食盐	1	专用辣椒提取物(辣味)	0.5
谷氨酸钠	6	辣椒香料	0.1

原料	生产配方/kg	原料	生产配方/kg
缓释肉粉	1	脱皮白芝麻	20
白砂糖	1		

连续、自然、醇厚的口味特点是该配方的关键。市场上一些仅有辣味而缺乏其他复合口味的产品可以借鉴这一配方。

第四十二节 麻辣卤料生产技术

一、麻辣卤料配方

1.麻辣卤料配方1

原料	生产配方/kg	原料	生产配方/kg
天然增香调味料	3	砂仁	34
增香强化香料	1	红叩	15
黑胡椒粉	40	肉豆蔻	12
陈皮粉	210	甜味香辛料	15
草果粉	155	辣椒	15
香叶	0.8	香果	7
小茴	9	老寇	12
八角	5	秭子	18
桂皮	15	丁香	2.5
白叩	2.5	强化厚味香料	2
桂枝	26	强化脂香口感香料	6
三奈	18	天然增鲜复合调味料	7
良姜	24		

天然醇厚的卤料,尤其是进入肉类时使其口感发生变化,这是与其他众多卤料的区别之处。

2.麻辣卤料配方2

原料	生产配方/kg	原料	生产配方/kg
甘草	150	良姜	24
天然增香调味料	3	砂仁	8
增香强化香料	1	红叩	15
黑胡椒粉	40	肉豆蔻	12
陈皮粉	510	甜味香辛料	15
草果粉	155	辣椒	15
香叶	0.8	香果	7
小茴	9	老蔻	12
八角	5	秭子	18
桂皮	15	丁香	2.5
白叩	2.5	强化厚味香料	2
桂枝	26	强化脂香口感香料	8
三奈	18	天然增鲜复合调味料	5

3.麻辣卤料配方3

原料	生产配方/kg	原料	生产配方/kg
食盐	65	小茴	2
白糖	18	八角	3
谷氨酸钠	4	桂皮	0.5
I+G	0.2	肉豆蔻	0.5
花椒	0.5	丁香	4
天然增香调味料	0.1	强化厚味香料	0.2
增香强化香料	0.1	强化脂香口感香料	0.2
黑胡椒粉	1	天然增鲜复合调味料	0.2

该配方使过去卤制品的辣味不持久的情况得到改善。

4.麻辣卤料配方4

原料	生产配方/kg	原料	生产配方/kg
天然增香调味料	3	砂仁	2
增香强化香料	1	红叩	15
黑胡椒粉	40	肉豆蔻	12
陈皮粉	620	甜味香辛料	15
草果粉	155	辣椒	15
香叶	0.8	香果	7
小茴	9	老寇	12
八角	5	秭子	18
桂皮	15	丁香	2.5
白叩	2.5	强化厚味香料	4
桂枝	26	强化脂香口感香料	6
三奈	18	天然增鲜复合调味料	5
良姜	24		

5.麻辣卤料配方5

原料	生产配方/kg	原料	生产配方/kg
青花椒提取物	15	良姜	24
天然增香调味料	3	砂仁	2
增香强化香料	1	红叩	15
黑胡椒粉	40	肉豆蔻	12
陈皮粉	620	甜味香辛料	15
草果粉	155	辣椒	15
香叶	0.8	香果	7
小茴	9	老寇	10
八角	5	秭子	18
桂皮	15	丁香	2.5
白叩	2.5	强化厚味香料	2
桂枝	26	强化脂香口感香料	6
三奈	18	天然增鲜复合调味料	5

6.麻辣卤料配方6

原料	生产配方/kg	原料	生产配方/kg
食盐	10	白芷粉	9
白砂糖	15	红曲粉	0.2
谷氨酸钠	6	天然增香调味料	5
辣椒粉	8	焦糖色素	0.02(20g)
八角粉	8	天然增鲜调味料	6
山奈粉	7	强化厚味调味料	2
草果粉	6	水	150
小茴粉	8		

这是一个传统制作卤汁的专用调味配方,便于工业化生产。

7.麻辣卤料配方7

原料	生产配方/kg	原料	生产配方/kg
食盐	50	白芷粉	80
白砂糖	75	红曲粉	5
谷氨酸钠	35	天然增香调味料	15
辣椒粉	45	焦糖色素	0.2
八角粉	56	天然增鲜调味料	16
山奈粉	40	强化厚味调味料	5
草果粉	48	水	1200
小茴粉	50		

该配方是卤制品配料细分化的体现,也是调味配方发展趋势。

8.麻辣卤料配方8

原料	生产配方/kg	原料	生产配方/kg
卤制鸭脖子专用复合香辛料	300	增香香料	10
八角	100	强化辣味香辛料	20

原料	生产配方/kg	原料	生产配方/kg
小茴	12	老寇	10
天然增香料	3	白芷	10

卤料修饰化使用效果明显,建议多做创新。

9.麻辣卤料配方9

原料	生产配方/kg	原料	生产配方/kg
三奈	100	天然增香料	3
草果	100	增香香料	1
卤制鸭脖子专用复合香辛料	350	强化辣味香辛料	20
八角	210	老寇	10
小茴	10	白芷	10

便于厨师实现卤制食品创新,不断满足消费者的需要。

10.麻辣卤料配方10

原料	生产配方/kg	原料	生产配方/kg
陈皮	200	天然增香料	3
草果	100	增香香料	3
卤制鸭脖子专用复合香辛料	250	强化辣味香辛料	1
八角	200	老寇	50
小茴	10	白芷	10

大大改变原有卤料制成产品的口感和回味,这是有别于其他产品之处。

二、麻辣肉味专用调料配方

1.麻辣肉味专用调料配方

原料	生产配方/kg	原料	生产配方/kg
食盐	95	辣椒提取物(口感)	23
谷氨酸钠	130	青花椒提取物	10

原料	生产配方/kg	原料	生产配方/kg
白砂糖	32	辣椒香味物质	1
辣椒油	460	烤香鸡肉香味物质	0.2

采用该调味料对卤制后的肉类进行调味,尤其能够体现麻辣特征风味。

2.青椒麻辣肉味专用调料配方

原料	生产配方/kg	原料	生产配方/kg
食用油	480	清香青花椒提取物	5
青花椒香味物质	6	天然增香配料	1
强化厚味香料	6		

独具特色的清香是诸多新派调味的代表,也是未来卤制品发展的新趋势。

第四十三节　麻辣腌制料生产技术

一、奥尔良腌制料麻辣配方

1.奥尔良腌制料麻辣配方1

原料	生产配方/kg	原料	生产配方/kg
食盐	6	辣椒粉	0.5
葡萄糖	50	辣椒提取物(香味)	3.3
辣椒提取物(色泽)	1	增香香料	0.02(20g)
辣椒提取物(辣味)	2	天然增鲜调味料	2
甜味配料	0.6	复合磷酸盐	0.2
鲜味料	40	辅料	0.2
乙基麦芽酚	0.5		

作为腌制料参考配方,可以不断改变作为腌制其他食品使用。

2.奥尔良腌制料麻辣配方2

原料	生产配方/kg	原料	生产配方/kg
食盐	6	辣椒粉	0.3
葡萄糖	48	辣椒提取物（香味）	3.2
辣椒提取物（色泽）	0.9	增香香料	0.02（20g）
辣椒提取物（辣味）	1.9	天然增鲜调味料	2
甜味配料	0.5	复合磷酸盐	0.2
鲜味料	38	蒜香专用调味料	0.5
乙基麦芽酚	0.3		

辣味入骨是该配料之关键。

二、麻辣腌制料配方

1.麻辣腌制料配方1

原料	生产配方/kg	原料	生产配方/kg
食盐	20	辣椒粉	3
葡萄糖	12	大蒜提取物（香味）	0.1
辣椒提取物（色泽）	0.5	鸡肉香料	0.1
辣椒提取物（辣味）	3	天然增鲜调味料	0.2
甜味配料	0.1	复合磷酸盐	0.3
鲜味料	10	热反应鸡肉粉	5
乙基麦芽酚	0.5	淀粉	52

2.麻辣腌制料配方2

原料	生产配方/kg	原料	生产配方/kg
食盐	19.6	辣椒粉	2.8
葡萄糖	12	大蒜提取物（香味）	0.1
辣椒提取物（色泽）	0.4	鸡肉香料	0.1
辣椒提取物（辣味）	2.8	天然增鲜调味料	0.2
甜味配料	0.02（20g）	复合磷酸盐	0.3

原料	生产配方/kg	原料	生产配方/kg
鲜味料	9	热反应鸡肉粉	5
乙基麦芽酚	0.3	淀粉	46

三、麻辣盐焗鸡腌制配方

原料	生产配方/kg	原料	生产配方/kg
食盐	12	姜粉	1
谷氨酸钠	10	淀粉	60
I+G	0.5	盐焗鸡专用复合香辛料	2
白砂糖	5	芥辣粉	2
热反应鸡肉粉	12	甘草调味粉	1
鸡肉香料	0.02(20g)	酵母提取物	1
柠檬酸	0.2		

无论是休闲食品企业还是餐饮行业均可借鉴,是传统食品工业化的典型腌制配料之一。

第四十四节　麻辣鸡枞菌生产技术

一、麻辣烤鸡枞菌调料配方

1.麻辣烤鸡枞菌调料配方1

原料	生产配方/kg	原料	生产配方/kg
鸡枞菌	200	白砂糖	1
食盐	3	辣椒	10
鲜味料	3	辣椒提取物(香味)	0.2
肉味粉	1	辣椒提取物(辣味)	0.3

2.麻辣烤鸡枞菌调料配方2

原料	生产配方/kg	原料	生产配方/kg
鸡枞菌	2000	甜味配料	0.02(20g)
食盐	30	辣椒	100
鲜味料	30	牛肉香料	0.02(20g)
肉味粉	10	辣椒提取物(辣味)	2

3.麻辣烤鸡枞菌调料配方3

原料	生产配方/kg	原料	生产配方/kg
鸡枞菌	2000	甜味配料	10
食盐	30	辣椒	100
鲜味料	30	辣椒提取物(香味)	2
肉味粉	10	辣椒提取物(辣味)	4

4.麻辣烤鸡枞菌调料配方4

原料	生产配方/kg	原料	生产配方/kg
糊辣椒香味料	2	白砂糖	10
鸡枞菌	2000	辣椒	100
食盐	30	辣椒提取物(香味)	2
鲜味料	30	辣椒提取物(辣味)	5
缓释肉粉	10		

二、麻辣鸡枞菌配方

1.麻辣鸡枞菌配方1

原料	生产配方/kg	原料	生产配方/kg
鸡枞菌	2000	乙基麦芽酚	0.2
食盐	28	白砂糖	22
谷氨酸钠	40	麻辣专用香料	10
I + G	2	花椒油	0.2

原料	生产配方/kg	原料	生产配方/kg
缓释肉粉	10	辣椒提取物（香味）	0.5
辣椒油	15	辣椒提取物（辣味）	0.8

2.麻辣鸡枞菌配方2

原料	生产配方/kg	原料	生产配方/kg
花椒提取物	0.5	食盐	2
食用油	10	辣椒提取物（辣味）	0.2
鸡枞菌	230	缓释肉粉	0.4
花椒	5	辣椒提取物（色泽）	0.1
辣椒	3	辣椒香味提取物	0.1
谷氨酸钠	6	香菇香料	0.1
白砂糖	1.2		

3.麻辣鸡枞菌配方3

原料	生产配方/kg	原料	生产配方/kg
花椒提取物	0.5	食盐	2
食用油	10	辣椒提取物（辣味）	0.2
鸡枞菌	110	缓释肉粉	0.4
花椒	5	辣椒提取物（色泽）	0.1
辣椒	3	辣椒香味提取物	0.1
谷氨酸钠	6	烤香牛肉香料	0.1
白砂糖	1.2		

4.麻辣鸡枞菌配方4

原料	生产配方/kg	原料	生产配方/kg
鸡枞菌	50	水解植物蛋白粉	0.3
食盐	2	辣椒丝	5
鲜味料	3	花椒	1
辣椒提取物（辣味）	0.2	天然辣椒提取物（香味）	0.02(20g)

续表

原料	生产配方/kg	原料	生产配方/kg
肉味粉	1	天然增鲜原料	0.1
天然甜味原料	0.1	天然增香原料	0.1
鸡肉膏	1	乙基麦芽酚	0.005(5g)

5.麻辣鸡枞菌配方5

原料	生产配方/kg	原料	生产配方/kg
食用油	100	食盐	2.5
鸡枞菌	150	辣椒提取物(辣味)	0.3
辣椒	15	缓释肉粉	1.5
谷氨酸钠	12	辣椒提取物(色泽)	0.2
白砂糖	2	辣椒香味提取物	0.4

6.麻辣鸡枞菌配方6

原料	生产配方/kg	原料	生产配方/kg
食用油	10	辣椒提取物(辣味)	0.2
鸡枞菌	90	缓释肉粉	0.4
辣椒	3	辣椒提取物(色泽)	0.1
谷氨酸钠	6	辣椒香味提取物	0.1
白砂糖	1.2	烤香牛肉香料	0.1
食盐	2		

7.麻辣鸡枞菌配方7

原料	生产配方/kg	原料	生产配方/kg
鸡枞菌	1300	缓释肉粉	4.8
菜籽油	430	辣椒提取物(香味)	0.2
辣椒	43	辣椒提取物(辣味)	0.2
谷氨酸钠	86	辣椒提取物(色泽)	0.4
白砂糖	17	食盐	33

三、烧烤麻辣鸡枞菌配方

原料	生产配方/kg	原料	生产配方/kg
鸡枞菌	2000	甜味配料	10
孜然提取物	0.2	辣椒	0.2
食盐	28	辣椒提取物(香味)	0.5
鲜味料	40	辣椒提取物(辣味)	0.4
肉味粉	10		

第四十五节　麻辣金针菇配方

一、麻辣金针菇配方1

原料	生产配方/kg	原料	生产配方/kg
金针菇	200	辣椒提取物(辣味)	0.2
食盐	3	白砂糖	0.3
鲜味料	3	山梨酸钾	按国家相关标准添加
肉味粉	1	脱氢醋酸钠	按国家相关标准添加
金针菇专用香辛料	0.3	复合磷酸盐	按国家相关标准添加
辣椒油	10	复合香辛料	0.1
辣椒香料	0.3	增香粉	0.6

回味比较持久,香味自然醇厚,具有丰富的口感。

二、麻辣金针菇配方2

原料	生产配方/kg	原料	生产配方/kg
金针菇	2000	辣椒提取物(色泽)	0.2
食盐	30	白砂糖	3
鲜味料	30	山梨酸钾	按国家相关标准添加

原料	生产配方/kg	原料	生产配方/kg
肉味粉	10	脱氢醋酸钠	按国家相关标准添加
香金针菇专用鸡肉粉	8	复合磷酸盐	按国家相关标准添加
辣椒油	150	复合香辛料	1.5
辣椒香料	0.1	牛肉香料	0.1
辣椒提取物（辣味）	4		

三、麻辣金针菇配方3

原料	生产配方/kg	原料	生产配方/kg
金针菇	2000	白砂糖	0.2
食盐	30	山梨酸钾	按国家相关标准添加
鲜味料	30	脱氢醋酸钠	按国家相关标准添加
肉味粉	10	复合磷酸盐	按国家相关标准添加
金针菇专用鸡肉粉	8	复合香辛料	1.2
辣椒油	150	天然增香调味料	3
辣椒香料	0.1	天然增鲜调味料	8
辣椒提取物（辣味）	4		

无味精味，留味时间长。

四、麻辣金针菇配方4

原料	生产配方/kg	原料	生产配方/kg
金针菇	2000	白砂糖	2
食盐	30	山梨酸钾	按国家相关标准添加
鲜味料	30	脱氢醋酸钠	按国家相关标准添加
肉味粉	10	复合磷酸盐	按国家相关标准添加
水解植物蛋白粉	1	复合香辛料	1.2
辣椒油	150	清香型鸡肉香料	0.1
辣椒香料	0.1	天然增鲜调味料	2.8
辣椒提取物（辣味）	4		

回味和厚味持久浓烈,无明显香精风味。

五、麻辣金针菇配方5

原料	生产配方/kg	原料	生产配方/kg
金针菇	200	辣椒提取物(辣味)	0.2
食盐	3	白砂糖	0.3
鲜味料	3	山梨酸钾	按国家相关标准添加
肉味粉	1	脱氢醋酸钠	按国家相关标准添加
水解植物蛋白粉	0.4	复合磷酸盐	按国家相关标准添加
辣椒油	15	复合香辛料	0.1
辣椒香料	0.3	天然增香调味料	0.9

六、麻辣金针菇配方6

原料	生产配方/kg	原料	生产配方/kg
金针菇	200	辣椒提取物(辣味)	0.4
食盐	3	白砂糖	0.3
鲜味料	3	山梨酸钾	按国家相关标准添加
肉味粉	1	脱氢醋酸钠	按国家相关标准添加
金针菇专用香料	0.8	复合磷酸盐	按国家相关标准添加
鸡肉膏	0.5	复合香辛料	0.1
辣椒油	15	辣椒提取物(色泽)	0.02(20g)
牛肉香料	0.2		

七、麻辣金针菇配方7

原料	生产配方/kg	原料	生产配方/kg
金针菇	200	辣椒提取物(辣味)	0.4
食盐	3	白砂糖	0.3
鲜味料	3	山梨酸钾	按国家相关标准添加

续表

原料	生产配方/kg	原料	生产配方/kg
肉味粉	1	脱氢醋酸钠	按国家相关标准添加
金针菇专用鸡肉粉	0.5	复合磷酸盐	按国家相关标准添加
鸡肉香料	0.005（5g）	复合香辛料	0.02（20g）
辣椒油	15	青花椒提取物（香味）	0.05（50g）
辣椒香料	0.2		

八、麻辣金针菇配方8

原料	生产配方/kg	原料	生产配方/kg
金针菇	2000	辣椒香味物质	0.1
食盐	30	辣椒提取物（辣味和口感）	4
鲜味料	30	麻辣金针菇专用复合香料	0.5
肉味粉	10	山梨酸钾	按国家相关标准添加
金针菇专用鸡肉粉	6	脱氢醋酸钠	按国家相关标准添加
辣椒提取物（辣味）	4	复合磷酸盐	按国家相关标准添加
白砂糖	3		

九、麻辣金针菇配方9

原料	生产配方/kg	原料	生产配方/kg
金针菇	200	辣椒提取物（口感）	0.5
鲜味料	3	食用油	40
肉味粉	1	乙基麦芽酚	0.02（20g）
辣椒提取物	1	山梨酸钾	按国家相关标准添加
辣椒香味物质	0.3	脱氢醋酸钠	按国家相关标准添加
辣椒提取物（辣味）	0.4	复合磷酸盐	按国家相关标准添加
白砂糖	3		

十、麻辣金针菇配方10

原料	生产配方/kg	原料	生产配方/kg
金针菇	5000	白砂糖	150
柠檬酸	5	食用油	80
鲜味料	150	乙基麦芽酚	2
肉味粉	50	山梨酸钾	按国家相关标准添加
辣椒提取物	100	脱氢醋酸钠	按国家相关标准添加
辣椒香味物质	20	复合磷酸盐	按国家相关标准添加
辣椒提取物(辣味)	20		

十一、麻辣金针菇配方11

原料	生产配方/kg	原料	生产配方/kg
金针菇	100	白砂糖	2.6
柠檬酸	0.2	辣椒油	9
谷氨酸钠	0.9	乙基麦芽酚	0.01(10g)
缓释肉粉	2	山梨酸钾	按国家相关标准添加
天然香辛料	0.02(20g)	脱氢醋酸钠	按国家相关标准添加
辣椒香味物质	0.2	复合磷酸盐	按国家相关标准添加
辣椒提取物(辣味)	0.3		

十二、麻辣金针菇配方12

原料	生产配方/kg	原料	生产配方/kg
红花椒油	2.8	辣椒提取物(辣味)	0.3
金针菇	100	白砂糖	2.6
柠檬酸	0.2	辣椒油	0.2
谷氨酸钠	0.9	乙基麦芽酚	0.02(20g)
缓释肉粉	2	山梨酸钾	按国家相关标准添加

原料	生产配方/kg	原料	生产配方/kg
天然香辛料	0.02(20g)	脱氢醋酸钠	按国家相关标准添加
辣椒香味物质	0.2	复合磷酸盐	按国家相关标准添加

十三、麻辣金针菇配方 13

原料	生产配方/kg	原料	生产配方/kg
糊辣椒油	2.4	辣椒提取物(辣味)	0.3
丁香油	0.002(2g)	白砂糖	2.6
金针菇	100	辣椒油	0.2
柠檬酸	0.2	乙基麦芽酚	0.02(20g)
谷氨酸钠	0.9	山梨酸钾	按国家相关标准添加
缓释肉粉	2	脱氢醋酸钠	按国家相关标准添加
天然香辛料	0.02(20g)	复合磷酸盐	按国家相关标准添加
辣椒香味物质	0.2		

十四、麻辣金针菇配方 14

原料	生产配方/kg	原料	生产配方/kg
金针菇	100	辣椒提取物(辣味)	0.3
花椒油	0.1	白砂糖	2.6
柠檬酸	0.2	辣椒油	3.1
谷氨酸钠	0.9	乙基麦芽酚	0.02(20g)
缓释肉粉	2	山梨酸钾	按国家相关标准添加
天然香辛料	0.02(20g)	脱氢醋酸钠	按国家相关标准添加
辣椒香味物质	0.2	复合磷酸盐	按国家相关标准添加

十五、麻辣金针菇配方 15

原料	生产配方/kg	原料	生产配方/kg
金针菇	100	辣椒提取物(辣味)	0.3
香辣专用香辛料	0.1	白砂糖	2.6

原料	生产配方/kg	原料	生产配方/kg
柠檬酸	0.2	辣椒油	3.8
谷氨酸钠	0.9	乙基麦芽酚	0.02(20g)
缓释肉粉	2	山梨酸钾	按国家相关标准添加
天然香辛料	0.02(20g)	脱氢醋酸钠	按国家相关标准添加
辣椒香味物质	0.2	复合磷酸盐	按国家相关标准添加

十六、麻辣金针菇配方16

原料	生产配方/kg	原料	生产配方/kg
金针菇	100	辣椒提取物(辣味)	0.3
木姜子提取物	0.1	白砂糖	2.6
柠檬酸	0.2	辣椒油	3.6
谷氨酸钠	0.9	乙基麦芽酚	0.02(20g)
缓释肉粉	2	山梨酸钾	按国家相关标准添加
天然香辛料	0.02(20g)	脱氢醋酸钠	按国家相关标准添加
辣椒香味物质	0.2	复合磷酸盐	按国家相关标准添加

第四十六节　麻辣竹笋生产技术

一、麻辣竹笋配方

1.麻辣竹笋配方1

原料	生产配方/kg	原料	生产配方/kg
竹笋	100	辣椒油(含复合香辛料)	10
食盐	2	天然增香粉	0.02(20g)
谷氨酸钠	1	专用辣椒提取物(辣味)	0.3
I+G	0.05(50g)	白砂糖	2.2
缓释肉粉	1	辣椒提取物(辣椒色泽)	0.02(20g)
复合酸味配料	0.1	辣椒香料	0.002(2g)

2.麻辣竹笋配方2

原料	生产配方/kg	原料	生产配方/kg
食用油	20	辣椒提取物(辣味)	0.3
竹笋	190	缓释肉粉	0.6
辣椒	5	辣椒提取物(色泽)	0.2
谷氨酸钠	12	辣椒香味提取物	0.2
白砂糖	2	烤香鸡肉香料	0.1
食盐	2.5		

3.麻辣竹笋配方3

原料	生产配方/kg	原料	生产配方/kg
食用油	10	辣椒提取物(辣味)	0.2
干竹笋	90	缓释肉粉	0.4
辣椒	3	辣椒提取物(色泽)	0.1
谷氨酸钠	6	辣椒香味提取物	0.1
白砂糖	1.2	烤鸡香料	0.1
食盐	2		

4.麻辣竹笋配方4

原料	生产配方/kg	原料	生产配方/kg
花椒油	0.2	天然增香粉	0.02(20g)
竹笋	100	专用辣椒提取物(辣味)	0.3
食盐	0.3	白砂糖	2.4
谷氨酸钠	0.8	辣椒提取物(辣椒色泽)	0.02(20g)
I+G	0.05(50g)	辣椒香料	0.002(2g)
缓释肉粉	1	复合抗氧化配料	按国家相关标准添加
复合酸味配料	0.1	复合防腐配料	按国家相关标准添加
辣椒油(含复合香辛料)	5		

5.麻辣竹笋配方5

原料	生产配方/kg	原料	生产配方/kg
强化厚味香料	0.2	天然增香粉	0.02(20g)
竹笋	100	专用辣椒提取物(辣味)	0.3
食盐	0.3	白砂糖	2.1
谷氨酸钠	0.9	辣椒提取物(辣椒色泽)	0.02(20g)
I+G	0.05(50g)	辣椒香料	0.002(2g)
缓释肉粉	1	复合抗氧化配料	按国家相关标准添加
复合酸味配料	0.1	复合防腐配料	按国家相关标准添加
辣椒油(含复合香辛料)	5		

二、麻辣野山椒味竹笋配方

1.麻辣野山椒味竹笋配方1

原料	生产配方/kg	原料	生产配方/kg
竹笋	200	甜味配料	0.001(20g)
食盐	2	山椒味专用辣味提取物	2.4
鲜味料	3	山梨酸钾	按国家相关标准添加
山椒风味香料	0.004(4g)	脱氢醋酸钠	按国家相关标准添加
鸡肉香料	0.005(5g)	乳酸	0.2
野山椒	30	青花椒提取物	0.002(2g)
白砂糖	1	青菜提取物	0.002(2g)

2.麻辣野山椒味竹笋配方2

原料	生产配方/kg	原料	生产配方/kg
竹笋	100	甜味配料	0.001
食盐	1	山椒味专用辣味提取物	1.1
鲜味料	1.5	山梨酸钾	按国家相关标准添加
山椒风味香料	0.002(2g)	脱氢醋酸钠	按国家相关标准添加
鸡肉香料	0.0025(2.5g)	乳酸	0.05(50g)

原料	生产配方/kg	原料	生产配方/kg
野山椒	10	木姜提取物	0.002(2g)
白砂糖	0.5	鲜蒜苗提取物	0.002(2g)

3.麻辣野山椒味竹笋配方3

原料	生产配方/kg	原料	生产配方/kg
竹笋	10	甜味配料	0.001(1g)
食盐	0.05	山椒味专用辣味提取物	0.2
鲜味料	0.2	山梨酸钾	按国家相关标准添加
山椒风味香料	0.001(1g)	脱氢醋酸钠	按国家相关标准添加
鸡肉香料	0.001(1g)	乳酸	0.01(10g)
野山椒	1	薄荷提取物	0.02(20g)
白砂糖	0.1	青花椒提取物	0.01(10g)

辣味纯正,呈现的是淡淡的山椒风味和鸡肉风味的结合。

4.麻辣野山椒味竹笋配方4

原料	生产配方/kg	原料	生产配方/kg
竹笋	10	甜味配料	0.002(2g)
食盐	0.05(50g)	山椒味专用辣味提取物	0.2
鲜味料	0.2	山梨酸钾	按国家相关标准添加
山椒风味香料	0.001(1g)	脱氢醋酸钠	按国家相关标准添加
鸡肉香料	0.001(1g)	乳酸	0.01(10g)
野山椒	1	酸菜提取物	0.02(20g)
白砂糖	0.1	泡姜提取物	0.01(10g)

5.麻辣野山椒味竹笋配方5

原料	生产配方/kg	原料	生产配方/kg
竹笋	200	乙基麦芽酚	0.0002(0.2g)
食盐	2	复合磷酸盐	按国家相关标准添加
鲜味料	3	肉味粉	0.3

续表

原料	生产配方/kg	原料	生产配方/kg
山椒香料	0.005(5g)	鸡肉粉	0.3
鸡肉香料	0.002(2g)	冰糖	0.2
白砂糖	1	白胡椒粉	0.1
甜味配料	0.001(1g)	复合香辛料(香叶、香草、甘草、陈皮)	0.3
泡椒提取物(辣味)	1.8	脱氢醋酸钠	按国家相关标准添加
乳酸	0.2	山梨酸钾	按国家相关标准添加

6.麻辣野山椒味竹笋配方6

原料	生产配方/kg	原料	生产配方/kg
山椒提取物	0.05(50g)	泡椒提取物(辣味)	8
鸡肉香味香辛料提取物	0.05(50g)	鸡肉膏	12
竹笋	2000	肉味粉	4
山椒	100	专用鸡肉粉	10
鲜味料	30	脱氢醋酸钠	按国家相关标准添加
食盐	20	山梨酸钾	按国家相关标准添加
白砂糖	30		

7.麻辣野山椒味竹笋配方7

原料	生产配方/kg	原料	生产配方/kg
山椒提取物	0.1	泡椒提取物(辣味)	8
鸡肉香味香辛料提取物	0.1	鸡肉膏	8
竹笋	2000	肉味粉	3
山椒	100	鸡肉粉	5
鲜味料	30	脱氢醋酸钠	按国家相关标准添加
食盐	20	山梨酸钾	按国家相关标准添加
白砂糖	30		

8.麻辣野山椒味竹笋配方8

原料	生产配方/kg	原料	生产配方/kg
竹笋	260	野山椒	20
食盐	0.2	专用辣椒提取物（辣味）	1.4
谷氨酸钠	4	白砂糖	4
I＋G	0.2	山椒提取物	0.02（20g）
缓释肉粉	1	辣椒香料	0.02（20g）
复合酸味配料	0.2	复合抗氧化配料	按国家相关标准添加
专用调味液（含复合香辛料）	20	复合防腐配料	按国家相关标准添加

9.麻辣野山椒味竹笋配方9

原料	生产配方/kg	原料	生产配方/kg
竹笋	170	野山椒	30
食盐	4	专用辣椒提取物（辣味）	0.9
谷氨酸钠	4	白砂糖	0.5
I＋G	0.2	山椒提取物	0.02（20g）
缓释肉粉	1	辣椒香料	0.1
复合酸味配料	0.2	复合抗氧化配料	按国家相关标准添加
专用调味液（含复合香辛料）	0.1	复合防腐配料	按国家相关标准添加

10.麻辣野山椒味竹笋配方10

原料	生产配方/kg	原料	生产配方/kg
竹笋	170	专用调味液（含复合香辛料）	0.1
强化辣味香辛料	0.2	野山椒	30
麻辣专用香辛料	0.4	专用辣椒提取物（辣味）	0.9
食盐	4	白砂糖	0.2
谷氨酸钠	4	山椒提取物	0.02（20g）
I＋G	0.2	辣椒香料	0.1

续表

原料	生产配方/kg	原料	生产配方/kg
缓释肉粉	1	复合抗氧化配料	按国家相关标准添加
复合酸味配料	0.2	复合防腐配料	按国家相关标准添加

三、麻辣烧烤味竹笋配方

原料	生产配方/kg	原料	生产配方/kg
烧烤味香料	0.2	辣椒油(含复合香辛料)	5
孜然提取物	0.2	天然增香粉	0.02(20g)
竹笋	100	专用辣椒提取物(辣味)	0.3
食盐	0.3	白砂糖	2.2
谷氨酸钠	0.9	辣椒提取物(辣椒色泽)	0.02(20g)
I+G	0.05(50g)	辣椒香料	0.02(20g)
缓释肉粉	1	复合抗氧化配料	按国家相关标准添加
复合酸味配料	0.1	复合防腐配料	按国家相关标准添加

第四十七节　麻辣蕨菜配方

麻辣蕨菜配方

原料	生产配方/kg	原料	生产配方/kg
食用油	10	辣椒提取物(辣味)	0.3
蕨菜	150	缓释肉粉	0.8
辣椒	5	辣椒提取物(色泽)	0.2
谷氨酸钠	12	辣椒香味提取物	0.2
白砂糖	2	烤香牛肉香料	0.2
食盐	2.5		

第四十八节　麻辣茄子生产技术

麻辣茄子配方

1.麻辣茄子配方1

原料	生产配方/kg	原料	生产配方/kg
茄子片或丝	160	肉味粉	0.8
辣椒	20	乙基麦芽酚	0.0002(0.2g)
食用油	82	复合氨基酸	0.2
花椒	0.1	辣椒香料	0.2
白胡椒粉	0.5	山梨酸钾	按国家相关标准添加
鲜味料	0.4	脱氢醋酸钠	按国家相关标准添加
甜味配料	12	复合磷酸盐	按国家相关标准添加

该配方也可以用于生产杏鲍菇、小蘑菇、牛肝菌、松茸等菌类产品。

2.麻辣茄子配方2

原料	生产配方/kg	原料	生产配方/kg
花椒提取物	0.5	食盐	2
食用油	10	辣椒提取物(辣味)	0.2
茄子片或丝	110	缓释肉粉	0.4
花椒	5	辣椒提取物(色泽)	0.1
辣椒	3	辣椒香味提取物	0.1
谷氨酸钠	6	烤香牛肉料	0.1
白砂糖	1.2		

3.麻辣茄子配方3

原料	生产配方/kg	原料	生产配方/kg
茄子片或丝	150	辣椒提取物(香味)	0.06(60g)
谷氨酸钠	10	食盐	1.2

续表

原料	生产配方/kg	原料	生产配方/kg
白砂糖	2	辣椒	5
辣椒提取物（辣味）	0.3	麻辣专用复合香辛料	0.02(20g)
缓释肉粉	0.5	强化辣味香辛料	0.2
辣椒提取物（色泽）	0.02(20g)	强化口感香辛料	0.3

4.麻辣茄子配方4

原料	生产配方/kg	原料	生产配方/kg
茄子片或丝	100	辣椒提取物（辣味）	0.4
缓释肉粉	2	白砂糖	2.2
柠檬酸	0.2	辣椒提取物（香味）	0.2
辣椒油	4.6	谷氨酸钠	0.9
I + G	0.2	辣椒提取物（色泽）	0.05(50g)
乙基麦芽酚	0.02(20g)	强化口感香料	0.08(80g)

5.麻辣茄子配方5

原料	生产配方/kg	原料	生产配方/kg
烤香香料	0.1	辣椒提取物（辣味）	0.3
茄子片或丝	100	白砂糖	2.5
缓释肉粉	0.5	辣椒提取物（香味）	0.1
柠檬酸	0.2	谷氨酸钠	0.9
辣椒油	4.8	辣椒提取物（色泽）	0.04(40g)
I + G	0.2	强化口感香料	0.2
乙基麦芽酚	0.2		

6.麻辣茄子配方6

原料	生产配方/kg	原料	生产配方/kg
香味强化香料	0.05(50g)	辣椒提取物（辣味）	0.3
茄子片或丝	100	白砂糖	2.5
缓释肉粉	0.3	辣椒提取物（香味）	0.1

续表

原料	生产配方/kg	原料	生产配方/kg
柠檬酸	0.2	谷氨酸钠	0.9
辣椒油	4	辣椒提取物(色泽)	0.1
I+G	0.2	强化口感香料	0.1
乙基麦芽酚	0.2		

7.麻辣茄子配方7

原料	生产配方/kg	原料	生产配方/kg
食用油	20	辣椒提取物(辣味)	0.3
茄子片或丝	190	缓释肉粉	0.6
辣椒	5	辣椒提取物(色泽)	0.2
谷氨酸钠	12	辣椒香味提取物	0.2
白砂糖	2	烤牛肉香料	0.1
食盐	2.5		

第四十九节　麻辣辣椒丝生产技术

麻辣辣椒丝配方

1.麻辣辣椒丝配方1

原料	生产配方/kg	原料	生产配方/kg
辣椒丝	2000	缓释肉粉	10
食盐	26	乙基麦芽酚	0.2
复合鲜味调味料	44	辣椒香味物质	0.2
柠檬酸	10	大蒜提取物	0.2

2.麻辣辣椒丝配方2

原料	生产配方/kg	原料	生产配方/kg
辣椒丝	2000	乙基麦芽酚	0.2

续表

原料	生产配方/kg	原料	生产配方/kg
食盐	28	白砂糖	22
谷氨酸钠	40	麻辣专用香料	10
I + G	2	花椒油	0.2
缓释肉粉	10	辣椒提取物（香味）	0.5
辣椒油	15	辣椒提取物（辣味）	0.8

3.麻辣辣椒丝配方 3

原料	生产配方/kg	原料	生产配方/kg
辣椒丝	100	辣椒提取物（辣味）	0.3
花椒油	0.1	白砂糖	2.6
柠檬酸	0.2	辣椒油	3.1
谷氨酸钠	0.9	乙基麦芽酚	0.01（10g）
缓释肉粉	2	山梨酸钾	按国家相关标准添加
天然香辛料	0.02（20g）	脱氢醋酸钠	按国家相关标准添加
辣椒香味物质	0.2	复合磷酸盐	按国家相关标准添加

4.麻辣辣椒丝配方 4

原料	生产配方/kg	原料	生产配方/kg
辣椒丝	300	专用辣椒提取物（辣味）	1.3
食盐	2.5	专用调味液（含复合香辛料）	0.1
野山椒	42	白砂糖	0.3
鸡油香料	1.5	辣椒香料	0.02（20g）
缓释肉粉	1.5	谷氨酸钠	6
热反应鸡肉粉	4	I + G	0.3
复合酸味配料	0.2	复合抗氧化配料	按国家相关标准添加
山椒提取物	0.05（50g）	复合防腐配料	按国家相关标准添加

第五十节 麻辣海白菜生产技术

一、麻辣海白菜配方

1.麻辣海白菜配方1

原料	生产配方/kg	原料	生产配方/kg
海白菜	100	辣椒提取物（辣味）	0.4
脱皮白芝麻	2	缓释肉粉	0.5
辣椒油	10	辣椒提取物（色泽）	0.1
谷氨酸钠	3	辣椒香味提取物	0.02(20g)
白砂糖	0.6	青花椒提取物	0.2
食盐	0.05(50g)		

2.麻辣海白菜配方2

原料	生产配方/kg	原料	生产配方/kg
食用油	20	食盐	1.6
海白菜	150	辣椒提取物（辣味）	0.3
脱皮白芝麻	5	缓释肉粉	0.6
辣椒	5	辣椒提取物（色泽）	0.2
谷氨酸钠	12	辣椒香味提取物	0.2
白砂糖	2	烤香牛肉香料	0.1

二、红油麻辣海白菜配方

原料	生产配方/kg	原料	生产配方/kg
辣椒油	24	食盐	24
海白菜	800	辣椒提取物（辣味）	2.4
I+G	0.2	缓释肉粉	4
柠檬酸	0.9	辣椒提取物（色泽）	0.1

续表

原料	生产配方/kg	原料	生产配方/kg
谷氨酸钠	8	辣椒香味提取物	0.1
白砂糖	18.4	烤香牛肉香料	0.2

三、山椒麻辣海白菜配方

1.山椒麻辣海白菜配方1

原料	生产配方/kg	原料	生产配方/kg
海白菜	260	专用辣椒提取物（辣味）	1.6
谷氨酸钠	4	白砂糖	4
I+G	0.2	山椒提取物	0.02（20g）
缓释肉粉	1	辣椒香料	0.02（20g）
复合酸味配料	0.2	复合抗氧化配料	按国家相关标准添加
专用调味液（含复合香辛料）	22	复合防腐配料	按国家相关标准添加
野山椒	20		

2.山椒麻辣海白菜配方2

原料	生产配方/kg	原料	生产配方/kg
海白菜	1700	专用调味液（含复合香辛料）	0.3
山椒	260	热反应鸡肉粉	16
食盐	40	鸡油香料	8
谷氨酸钠	40	专用辣椒提取物（辣味）	8
I+G	2	白砂糖	2
缓释肉粉	18	山椒提取物	0.02（20g）
复合酸味配料	0.2		

3.山椒麻辣海白菜配方3

原料	生产配方/kg	原料	生产配方/kg
海白菜	86	专用调味液 （含复合香辛料）	0.1
山椒	13	热反应鸡肉粉	0.6
食盐	3	鸡油香料	0.5
谷氨酸钠	2	专用辣椒提取物（辣味）	0.4
I＋G	0.1	白砂糖	0.2
缓释肉粉	0.5	山椒提取物	0.04（40g）
复合酸味配料	0.1		

第五十一节　麻辣板栗丝生产技术

一、麻辣板栗丝配方

原料	生产配方/kg	原料	生产配方/kg
花椒提取物	0.5	食盐	2
食用油	10	辣椒提取物（辣味）	0.2
板栗丝	160	缓释肉粉	0.4
花椒	5	辣椒提取物（色泽）	0.1
辣椒	3	辣椒香味提取物	0.1
谷氨酸钠	6	烤香牛肉香料	0.1
白砂糖	1.2		

二、麻辣牛肉味板栗丝配方

原料	生产配方/kg	原料	生产配方/kg
板栗丝	150	辣椒提取物（辣味）	0.1
食盐	0.5	郫县豆瓣	12
复合鲜味调味料	2.5	麻辣油	5

续表

原料	生产配方/kg	原料	生产配方/kg
缓释肉粉	0.2	热反应牛肉粉	4
牛肉粉	0.9	辣椒提取物（色泽）	0.1

三、烧烤麻辣板栗丝配方

1.烧烤麻辣板栗丝配方1

原料	生产配方/kg	原料	生产配方/kg
板栗丝	150	辣椒提取物（辣味）	0.1
食盐	0.5	辣椒油	12
复合鲜味调味料	2.5	烤香牛肉香料	0.2
缓释肉粉	0.2	辣椒提取物（色泽）	0.4
烧烤香味物质	0.2		

2.烧烤麻辣板栗丝配方2

原料	生产配方/kg	原料	生产配方/kg
板栗丝	100	辣椒提取物（辣味）	0.8
食盐	3	辣椒油	22
鲜味料	6	花椒油	0.2
柠檬酸	0.2	脂香提取物	0.2
缓释肉粉	1	烧烤香味提取物	0.6
白砂糖	1	脱皮白芝麻	12

四、剁椒麻辣板栗丝配方

原料	生产配方/kg	原料	生产配方/kg
板栗丝	150	辣椒提取物（辣味）	0.1
食盐	0.5	剁椒	11
复合鲜味调味料	2.5	麻辣专用香料	0.2
缓释肉粉	1	辣椒提取物（色泽）	0.1
剁椒香味物质	0.04(40g)		

五、经典麻辣板栗丝配方

1.经典麻辣板栗丝配方1

原料	生产配方/kg	原料	生产配方/kg
板栗丝	100	辣椒油	20
食盐	3	花椒油	0.2
柠檬酸	0.2	脂香提取物	0.2
鲜味料	6	辣椒香味提取物	0.02（20g）
缓释肉粉	1	料酒	6
白砂糖	1	酱油	8
辣椒提取物（辣味）	0.8	脱皮白芝麻	5

2.经典麻辣板栗丝配方2

原料	生产配方/kg	原料	生产配方/kg
板栗丝	150	辣椒提取物（辣味）	0.1
食盐	0.5	辣椒油	11
复合鲜味调味料	2.5	辣椒香味物质	0.2
缓释肉粉	0.2	辣椒提取物（色泽）	0.1
青花椒香味物质	0.02（20g）		

3.经典麻辣板栗丝配方3

原料	生产配方/kg	原料	生产配方/kg
板栗丝	100	辣椒提取物（辣味）	0.3
木姜子提取物	0.1	白砂糖	2.6
柠檬酸	0.2	辣椒油	3.1
谷氨酸钠	0.9	乙基麦芽酚	0.02（20g）
缓释肉粉	2	山梨酸钾	按国家相关标准添加
天然香辛料	0.02（20g）	脱氢醋酸钠	按国家相关标准添加
辣椒香味物质	0.2	复合磷酸盐	按国家相关标准添加

六、山椒麻辣板栗丝配方

1.山椒麻辣板栗丝配方1

原料	生产配方/kg	原料	生产配方/kg
板栗丝	1700	专用辣椒提取物(辣味)	8
食盐	10	专用调味液 (含复合香辛料)	0.1
野山椒	250	白砂糖	10
鸡油香料	12	辣椒香料	0.05(50g)
缓释肉粉	15	谷氨酸钠	40
热反应鸡肉粉	0.5	I+G	2
复合酸味配料	0.002(2g)	复合抗氧化配料	按国家相关标准添加
山椒提取物	0.1	复合防腐配料	按国家相关标准添加

2.山椒麻辣板栗丝配方2

原料	生产配方/kg	原料	生产配方/kg
板栗丝	1700	山椒提取物	0.1
食盐	10	专用辣椒提取物(辣味)	8
麻辣专用香辛料	0.5	专用调味液 (含复合香辛料)	0.1
强化辣味专用香辛料	0.5	白砂糖	10
野山椒	250	辣椒香料	0.05(50g)
鸡油香味香料	12	谷氨酸钠	40
缓释肉粉	15	I+G	2
热反应鸡肉粉	0.5	复合抗氧化配料	按国家相关标准添加
复合酸味配料	0.002(2g)	复合防腐配料	按国家相关标准添加

3.山椒麻辣板栗丝配方3

原料	生产配方/kg	原料	生产配方/kg
板栗丝	170	专用辣椒提取物(辣味)	0.9
食盐	1	专用调味液 (含复合香辛料)	0.1

续表

原料	生产配方/kg	原料	生产配方/kg
野山椒	36	白砂糖	1
鸡油香料	1	辣椒香料	0.02(20g)
缓释肉粉	1	谷氨酸钠	4
热反应鸡肉粉	0.5	I+G	0.2
复合酸味配料	0.002(2g)	复合抗氧化配料	按国家相关标准添加
山椒提取物	0.1	复合防腐配料	按国家相关标准添加

第五十二节 麻辣花生生产技术

一、麻辣花生调料配方

1.麻辣花生调料配方1

原料	生产配方/kg	原料	生产配方/kg
鲜味料	6	食盐	1
辣椒粉	4	热反应牛肉粉	2
花椒粉	0.6	青花椒香味料	0.2
糖粉	8	辣椒提取物(辣味)	0.4
葡萄糖	60	辣椒香味物质	0.1
麻辣花生专用香辛料	4	天然增鲜调味料	0.8

2.麻辣花生调料配方2

原料	生产配方/kg	原料	生产配方/kg
麻辣专用复合香料	0.2	鲜味料	20
辣椒香味提取物	0.1	食盐	50
甜味配料	0.1	鸡骨粉	63
辣椒粉	40		

3.麻辣花生调料配方 3

原料	生产配方/kg	原料	生产配方/kg
花椒提取物（麻味）	0.1	缓释肉粉	5
辣椒香味提取物	0.1	鲜味料	20
甜味配料	0.1	食盐	50
辣椒粉	40	热反应鸡肉粉	38

4.麻辣花生调料配方 4

原料	生产配方/kg	原料	生产配方/kg
香辣专用复合香料	0.2	食盐	50
辣椒香味提取物	0.1	辣椒提取物（辣味）	2
甜味配料	0.1	香辣味专用鸡肉粉	40
辣椒粉	40	纯肉粉	16
鲜味料	20		

二、麻辣牛肉味花生调料配方

原料	生产配方/kg	原料	生产配方/kg
天然增香原料	10	甜味配料	0.1
缓释肉粉	8	辣椒粉	20
辣椒提取物（辣味）	2	鲜味料	20
牛肉粉	30	食盐	50
天然牛肉香味提取物	0.1	鸡肉粉	18

三、麻辣烤肉味花生调料配方

原料	生产配方/kg	原料	生产配方/kg
牛肉香料	0.1	辣椒粉	20
孜然提取物	0.2	鲜味料	20
甜味配料	0.02（20g）	食盐	50
鸡肉粉	20	高汤鸡肉粉	30
增香香料	10	鸡骨粉	10

四、麻辣花生配方

1.麻辣花生配方1

原料	生产配方/kg	原料	生产配方/kg
花生	490	辣椒提取物(色泽)	0.004(4g)
食盐	6	辣椒提取物(香味)	2
复合氨基酸	3	水解植物蛋白粉	1
谷氨酸钠	9	缓释香料	1
麻辣花生专用甜味剂	0.2	辣椒提取物(辣味)	0.2
辣椒丝(专用烘焙)	20	天然增香原料	0.005(5g)
花椒	5	天然增鲜原料	0.005(5g)

2.麻辣花生配方2

原料	生产配方/kg	原料	生产配方/kg
花生	250	花椒	2
食盐	2	辣椒提取物(色泽)	0.2
谷氨酸钠	3	辣椒提取物(香味)	0.2
麻辣花生专用甜味剂	0.1	缓释香料	0.2
辣椒丝(专用烘焙)	8	辣椒提取物(辣味)	0.8

3.麻辣花生配方3

原料	生产配方/kg	原料	生产配方/kg
花生	200	花椒	2
食盐	2	辣椒提取物(色泽)	0.1
水解植物蛋白粉	0.5	辣椒提取物(香味)	0.1
鲜味料	2	缓释香料	0.1
麻辣花生专用甜味配料	0.5	辣椒提取物(辣味)	0.6
辣椒丝(专用烘焙)	7		

4.麻辣花生配方4

原料	生产配方/kg	原料	生产配方/kg
花生	200	辣椒提取物（香味）	0.1
食盐	2	水解植物蛋白粉	0.5
谷氨酸钠	2	缓释香料	0.2
麻辣花生专用甜味配料	0.2	辣椒提取物（辣味）	0.3
辣椒丝（专用烘焙）	7	天然增香原料	0.02(20g)
花椒	2	天然增鲜原料	0.05(50g)
辣椒提取物（色泽）	0.1		

5.麻辣花生配方5

原料	生产配方/kg	原料	生产配方/kg
花生	1700	辣椒提取物（色泽）	0.2
食盐	18	辣椒提取物（香味）	0.2
谷氨酸钠	30	缓释香料	5.7
麻辣花生专用甜味配料	0.5	辣椒提取物（辣味）	1.8
辣椒丝（专用烘焙）	66	天然增香原料	0.3
花椒	16	天然增鲜原料	0.08(80g)

6.麻辣花生配方6

原料	生产配方/kg	原料	生产配方/kg
花生	600	辣椒提取物（色泽）	0.01
食盐	6	辣椒提取物（香味）	0.1
谷氨酸钠	10	缓释香料	2.2
麻辣花生专用甜味配料	0.2	辣椒提取物（辣味）	0.9
辣椒丝（专用烘焙）	22	天然增香原料	0.2
花椒	6	天然增鲜原料	0.06(60g)

7.麻辣花生配方7

原料	生产配方/kg	原料	生产配方/kg
花生	500	辣椒提取物(色泽)	0.2
食盐	5	辣椒提取物(香味)	0.1
谷氨酸钠	5	缓释香料	0.5
麻辣花生专用甜味配料	0.2	辣椒提取物(辣味)	0.4
辣椒丝(专用烘焙)	18	天然增香原料	1
花椒	2	天然增鲜原料	0.04(40g)

8.麻辣花生配方8

原料	生产配方/kg	原料	生产配方/kg
花生	460	辣椒提取物(色泽)	0.2
食盐	5	辣椒提取物(香味)	0.1
谷氨酸钠	5	缓释香料	0.5
麻辣花生专用甜味配料	0.2	辣椒提取物(辣味)	0.4
辣椒丝(专用烘焙)	18	天然增香原料	1
花椒	2	天然增鲜原料	0.05(50g)

9.麻辣花生配方9

原料	生产配方/kg	原料	生产配方/kg
花生	400	辣椒提取物(色泽)	0.2
食盐	5	辣椒提取物(香味)	0.1
谷氨酸钠	5	缓释香料	1.2
麻辣花生专用甜味配料	0.2	辣椒提取物(辣味)	0.4
辣椒丝(专用烘焙)	18	天然增香原料	1
花椒	2	天然增鲜原料	0.02(20g)

10.麻辣花生配方 10

原料	生产配方/kg	原料	生产配方/kg
花生	250	辣椒提取物（色泽）	0.05（50g）
食盐	6	辣椒提取物（香味）	0.2
谷氨酸钠	6	缓释香料	0.5
麻辣花生专用甜味配料	0.2	辣椒提取物（辣味）	0.4
辣椒丝（专用烘焙）	9	天然增香原料	1
花椒	2	天然增鲜原料	1

11.麻辣花生配方 11

原料	生产配方/kg	原料	生产配方/kg
花椒香味物质	0.1	食盐	13
天然增鲜调味料	2	水解植物蛋白粉	2
辣椒香味物质	0.01（10g）	辣椒提取物（辣味）	2
麻辣专用香料	0.1	胡椒粉	1
花椒粉	2	白砂糖	1
缓释肉粉	6	乙基麦芽酚	0.1
辣椒粉	8	油炸的裹衣花生	1000
鲜味料	4		

12.麻辣花生配方 12

原料	生产配方/kg	原料	生产配方/kg
天然增香调味料	2	食盐	13
青花椒香味物质	0.2	水解植物蛋白粉	2
辣椒香味物质	0.02（20g）	辣椒提取物（辣味）	2
麻辣专用香料	0.3	胡椒粉	1
花椒粉	2	白砂糖	1
缓释肉粉	4	乙基麦芽酚	0.1
辣椒粉	8	油炸的裹衣花生	1000
鲜味料	4		

13.麻辣花生配方13

原料	生产配方/kg	原料	生产配方/kg
花生	250	辣椒提取物（辣味）	0.2
谷氨酸钠	4.9	辣椒丝	8
食盐	5.5	花椒	3
天然甜味香辛料	0.3	辣椒提取物（色泽）	0.1
缓释肉粉	1	天然增鲜调味料	0.8
辣椒香味物质	0.2	天然增香调味料	1.6

14.麻辣花生配方14

原料	生产配方/kg	原料	生产配方/kg
花生	500	辣椒提取物（辣味）	0.2
谷氨酸钠	12	辣椒丝	19
食盐	5	花椒	6
天然甜味香辛料	0.1	辣椒提取物（色泽）	0.3
缓释肉粉	2.2	天然增鲜调味料	5
辣椒香味物质	0.3	天然增香调味料	1.6

五、裹衣麻辣花生配方

1.裹衣麻辣花生配方1

原料	生产配方/kg	原料	生产配方/kg
辣椒香味物质	0.01（10g）	食盐	13
麻辣专用香料	0.1	水解植物蛋白粉	2
花椒粉	2	辣椒提取物（辣味）	2
天然增鲜调味料	3.5	胡椒粉	1
缓释肉粉	4	白砂糖	1
辣椒粉	8	乙基麦芽酚	0.1
鲜味料	4	油炸的裹衣花生	1000

2.裹衣麻辣花生配方2

原料	生产配方/kg	原料	生产配方/kg
辣椒香味物质	0.001(1g)	食盐	13
天然增鲜调味料	0.2	水解植物蛋白粉	2
薄荷香味提取物	0.1	辣椒提取物(辣味)	2
麻辣专用香料	0.1	胡椒粉	1
花椒粉	2	白砂糖	1
缓释肉粉	6	乙基麦芽酚	0.1
辣椒粉	8	裹衣花生	1000
鲜味料	4		

3.裹衣麻辣花生配方3

原料	生产配方/kg	原料	生产配方/kg
辣椒香味物质	0.001(1g)	食盐	13
麻辣专用香料	0.1	水解植物蛋白粉	2
腐乳提取物	0.1	辣椒提取物(辣味)	2
糊辣椒香味提取物	0.2	胡椒粉	1
花椒粉	2	白砂糖	1
缓释肉粉	4	乙基麦芽酚	0.1
辣椒粉	8	裹衣花生	1000
鲜味料	4		

六、裹衣烧烤麻辣花生配方

1.裹衣烧烤麻辣花生配方1

原料	生产配方/kg	原料	生产配方/kg
烧烤香味物质	0.1	食盐	10
天然增香调味料	0.2	水解植物蛋白粉	2
鲜茴香香味物质	0.2	辣椒提取物(辣味)	1
麻辣专用香料	0.02(20g)	胡椒粉	1
花椒粉	0.5	白砂糖	6

原料	生产配方/kg	原料	生产配方/kg
缓释肉粉	1.8	乙基麦芽酚	0.1
辣椒粉	5	裹衣花生	1000
鲜味料	4		

2.裹衣烧烤麻辣花生配方2

原料	生产配方/kg	原料	生产配方/kg
孜然提取物	0.2	辣味强化香辛料	0.4
花椒粉	1	辣椒提取物（辣味）	0.5
缓释肉粉	0.6	孜然粉	5
辣椒粉	3.2	甜味配料	0.1
鲜味料	2.5	乙基麦芽酚	0.1
麻辣专用香料	0.4	裹衣花生	500

3.裹衣烧烤麻辣花生配方3

原料	生产配方/kg	原料	生产配方/kg
烧烤香味物质	0.1	食盐	10
烤木香香味提取物	0.2	水解植物蛋白粉	2
松针香味物质	0.2	辣椒提取物（辣味）	1
麻辣专用香料	0.02(20g)	胡椒粉	1
花椒粉	0.5	白砂糖	6
缓释肉粉	2	乙基麦芽酚	0.1
辣椒粉	5	裹衣花生	1000
鲜味料	4		

4.裹衣烧烤麻辣花生配方4

原料	生产配方/kg	原料	生产配方/kg
烧烤香味物质	0.2	食盐	10
麻辣专用香料	0.02(20g)	水解植物蛋白粉	2
天然增香调味料	0.8	辣椒提取物（辣味）	1

原料	生产配方/kg	原料	生产配方/kg
花椒粉	0.5	胡椒粉	1
缓释肉粉	6	白砂糖	6
辣椒粉	5	乙基麦芽酚	0.1
鲜味料	4	油炸的裹衣花生	1000

5.裹衣烧烤麻辣花生配方5

原料	生产配方/kg	原料	生产配方/kg
孜然提取物	0.3	食盐	10
烧烤牛肉香味物质	0.1	水解植物蛋白粉	2
麻辣专用香料	0.02(20g)	辣椒提取物（辣味）	1
花椒粉	0.5	胡椒粉	1
缓释肉粉	6	白砂糖	6
天然增香调味料	2.2	乙基麦芽酚	0.1
辣椒粉	5	油炸的裹衣花生	1000
鲜味料	4		

6.裹衣烧烤麻辣花生配方6

原料	生产配方/kg	原料	生产配方/kg
孜然提取物	0.4	食盐	10
牛排香料	0.1	水解植物蛋白粉	2
天然增鲜调味料	2.5	辣椒提取物（辣味）	1
烧烤味专用香料	0.3	胡椒粉	1
花椒粉	0.5	白砂糖	6
缓释肉粉	6	乙基麦芽酚	0.1
辣椒粉	5	油炸的裹衣花生	1000
鲜味料	4		

七、麻辣烤肉味花生配方

1.麻辣烤肉味花生配方1

原料	生产配方/kg	原料	生产配方/kg
肉香味物质	0.02(20g)	食盐	11
增香香料	0.6	水解植物蛋白粉	2
烤肉香味香料	0.06(60g)	辣椒提取物(辣味)	1
麻辣专用香料	0.02(20g)	胡椒粉	1
花椒粉	0.2	白砂糖	1
缓释肉粉	6	乙基麦芽酚	0.1
辣椒粉	5	油炸的裹衣花生	1000
鲜味料	5		

2.麻辣烤肉味花生配方2

原料	生产配方/kg	原料	生产配方/kg
烤香鸡肉香味物质	0.09(90g)	食盐	11
烤肉香味香料	0.02(20g)	水解植物蛋白粉	2
麻辣专用香料	0.02(20g)	辣椒提取物(辣味)	1
花椒粉	0.2	胡椒粉	1
缓释肉粉	6	白砂糖	1
辣椒粉	5	乙基麦芽酚	0.1
鲜味料	5	油炸的裹衣花生	1000
天然增香调味料	1.2		

八、麻辣鸡肉味花生配方

1.麻辣鸡肉味花生配方1

原料	生产配方/kg	原料	生产配方/kg
裹衣花生	100	葡萄糖粉	30
鲜味料	3	香辣花生专用香辛料	2
辣椒粉	1	食盐	0.5

原料	生产配方/kg	原料	生产配方/kg
花椒粉	0.4	热反应鸡肉粉	2
糖浆	20	天然增鲜调味料	0.3
白糖粉	2		

2.麻辣鸡肉味花生配方2

原料	生产配方/kg	原料	生产配方/kg
清香鸡肉香料	0.1	食盐	11
烤香鸡肉味香料	0.3	水解植物蛋白粉	2
鸡肉味专用香料	0.2	辣椒提取物（辣味）	1
天然增鲜调味料	1.6	胡椒粉	1
花椒粉	0.2	白砂糖	1
缓释肉粉	6	乙基麦芽酚	0.1
辣椒粉	5	油炸的裹衣花生	1000
鲜味料	5		

九、麻辣牛肉味花生配方

原料	生产配方/kg	原料	生产配方/kg
热反应牛肉粉	1	白糖粉	4
天然增香调味料	0.2	葡萄糖粉	32
裹衣花生	100	香辣花生专用香辛料	3
鲜味料	3	食盐	0.6
辣椒粉	1	增香香料	1
花椒粉	0.2	天然增鲜调味料	1
糖浆	20		

十、麻辣山椒味花生配方

1.麻辣山椒味花生配方1

原料	生产配方/kg	原料	生产配方/kg
煮熟的花生	1600	专用辣椒提取物（辣味）	8
食盐	10	专用调味液 （含复合香辛料）	0.1
野山椒	250	白砂糖	10
鸡油香味香料	12	辣椒香精	0.05（50g）
缓释肉粉	15	谷氨酸钠	40
热反应鸡肉粉	0.5	I＋G	2
复合酸味配料	0.002（2g）	复合抗氧化配料	按国家相关标准添加
山椒提取物	0.1	复合防腐配料	按国家相关标准添加

2.麻辣山椒味花生配方2

原料	生产配方/kg	原料	生产配方/kg
煮熟的花生	170	专用辣椒提取物（辣味）	1.1
食盐	3	专用调味液 （含复合香辛料）	0.1
野山椒	26	白砂糖	1
鸡油香味香料	1	辣椒香料	0.1
缓释肉粉	0.9	谷氨酸钠	4
热反应鸡肉粉	0.8	I＋G	0.2
复合酸味配料	0.1	复合抗氧化配料	按国家相关标准添加
山椒提取物	0.02（20g）	复合防腐配料	按国家相关标准添加

十一、麻辣蟹黄味花生配方

原料	生产配方/kg	原料	生产配方/kg
油炸的裹衣花生	400	辣椒提取物（辣味）	0.4
食盐	4	缓释肉粉	0.5

续表

原料	生产配方/kg	原料	生产配方/kg
鲜味料	6	热反应鸡肉粉	4
甜味香辛料	0.2	脂香香料	0.2
增香香料	0.4	蟹黄专用香料	5

十二、麻辣烤牛肉味花生配方

原料	生产配方/kg	原料	生产配方/kg
烤肉香味料	6	麻辣花生专用香辛料	2
鲜味料	2	食盐	3
辣椒粉	0.6	热反应牛肉粉	0.8
花椒粉	8	辣椒香味物质	0.5
糖粉	60	天然增鲜调味料	3
葡萄糖	4		

十三、经典麻辣花生配方

原料	生产配方/kg	原料	生产配方/kg
裹衣花生	110	葡萄糖粉	35
鲜味料	3	香辣花生专用香辛料	2
辣椒粉	0.9	食盐	0.5
花椒粉	0.3	天然增香调味料	0.8
糖浆	22	天然增鲜调味料	0.6
白糖粉	3		

第五十三节　麻辣膨化玉米生产技术

一、麻辣味膨化玉米豆配方

1.麻辣味膨化玉米豆配方1

原料	生产配方/kg	原料	生产配方/kg
膨化玉米豆	100	热反应鸡肉粉	0.6
辣椒香味提取物	0.1	辣椒粉	0.8
缓释肉粉	0.2	鲜味料(具有缓释作用)	0.4
孜然提取物	0.005(5g)	食盐	1.3
甜味配料	0.06(60g)	辣椒提取物(辣味)	0.2

2.麻辣味膨化玉米豆配方2

原料	生产配方/kg	原料	生产配方/kg
膨化玉米豆	250	辣椒提取物(辣味)	0.2
鲜味料	8	辣椒丝	8
食盐	5.5	花椒	3
天然甜味香辛料	0.3	辣椒提取物(色泽)	0.1
缓释肉粉	1	天然增鲜调味料	0.5
辣椒香味物质	0.2	天然增香调味料	1.6

二、麻辣烤肉味膨化玉米豆配方

原料	生产配方/kg	原料	生产配方/kg
膨化玉米豆	100	辣椒粉	0.4
烤牛肉香料	0.06(60g)	鲜味料(具有缓释作用)	0.4
孜然提取物	0.02(20g)	食盐	1
甜味配料	0.05(50g)	辣椒提取物(辣味)	0.2
热反应鸡肉粉	1.2		

三、麻辣鸡肉味膨化玉米豆配方

原料	生产配方/kg	原料	生产配方/kg
膨化玉米豆	100	热反应鸡肉粉	0.6
鸡肉香料	0.02(20g)	辣椒粉	0.8
缓释肉粉	0.4	鲜味料(具有缓释作用)	0.5
孜然提取物	0.002(2g)	食盐	1.1
甜味配料	0.02(20g)	辣椒提取物(辣味)	0.2

四、麻辣椒香味膨化玉米豆配方

原料	生产配方/kg	原料	生产配方/kg
膨化玉米豆	100	热反应鸡肉粉	1
缓释肉粉	0.2	辣椒粉	0.8
烤牛肉香料	0.2	鲜味料(具有缓释作用)	0.6
椒香提取物	0.3	食盐	1.5
甜味配料	0.02(20g)	辣椒提取物(辣味)	0.2

五、麻辣烧烤味膨化玉米豆配方

原料	生产配方/kg	原料	生产配方/kg
孜然粉	0.2	热反应鸡肉粉	1
膨化玉米豆	100	辣椒粉	0.8
烤牛肉香料	0.05(50g)	鲜味料(具有缓释作用)	0.6
孜然提取物	0.2	食盐	1
甜味配料	0.02(20g)	辣椒提取物(辣味)	0.2

第五十四节　麻辣土豆泥生产技术

一、麻辣香菇鸡味土豆泥配方

原料	生产配方/kg	原料	生产配方/kg
土豆泥原料	200	豚骨粉	2
鲜味料	10	香辣粉	0.2
FD 香菇粉	2	辣椒香料	0.1
肉味粉	10	食盐	0.3
鸡肉粉	10	白砂糖	0.02(20g)
FD 香菇	2	黑胡椒粉	0.2
FD 青葱	2	复合香辛料	0.1
FD 鸡肉	1		

一冲即开,即食的典型食品。

二、麻辣牛肉土豆泥配方

原料	生产配方/kg	原料	生产配方/kg
土豆泥原料	200	豚骨粉	2
鲜味料	13	FD 菠菜	0.2
FD 玉米	2	香辣牛肉香料	0.002(2g)
肉味粉	10	食盐	0.3
牛肉粉	10	白砂糖	0.05(50g)
FD 豌豆	4	黑胡椒粉	0.3
FD 牛肉	1	复合香辛料	0.1
FD 青葱	2		

三、麻辣鸡翅土豆泥配方

原料	生产配方/kg	原料	生产配方/kg
土豆泥原料	200	豚骨粉	2
鲜味料	18	FD 香菜	0.1
FD 玉米	2	香辣鸡肉香料	0.005(5g)
肉味粉	10	食盐	0.3
鸡肉粉	10	白砂糖	0.05(50g)
FD 鸡肉	4	黑胡椒粉	0.3
FD 青葱	2	复合香辛料	0.1

第五十五节　麻辣藕带生产技术

一、山椒麻辣藕带配方

1.山椒麻辣藕带配方1

原料	生产配方/kg	原料	生产配方/kg
藕带	170	野山椒	30
食盐	4	专用辣椒提取物（辣味）	0.9
谷氨酸钠	4	白砂糖	0.2
I + G	0.2	山椒提取物	0.02(20g)
缓释肉粉	1	辣椒香料	0.1
复合酸味配料	0.2	复合抗氧化配料	按国家相关标准添加
专用调味液（含复合香辛料）	0.2	复合防腐配料	按国家相关标准添加

2.山椒麻辣藕带配方2

原料	生产配方/kg	原料	生产配方/kg
藕带	10	野山椒	1.2
食盐	0.3	专用辣椒提取物（辣味）	0.6

原料	生产配方/kg	原料	生产配方/kg
谷氨酸钠	0.4	山椒提取物	0.02(20g)
I+G	0.02(20g)	辣椒香料	0.02(20g)
缓释肉粉	0.35	复合抗氧化配料	按国家相关标准添加
复合酸味配料	0.02(20g)	复合防腐配料	按国家相关标准添加
专用调味液（含复合香辛料）	0.03(30g)		

3.山椒麻辣藕带配方3

原料	生产配方/kg	原料	生产配方/kg
藕带	27	野山椒	2.2
食盐	0.5	专用辣椒提取物（辣味）	0.8
谷氨酸钠	0.5	白砂糖	0.1
I+G	0.01(10g)	山椒提取物	0.02(20g)
缓释肉粉	0.6	辣椒香料	0.06(60g)
复合酸味配料	0.2	复合抗氧化配料	按国家相关标准添加
专用调味液（含复合香辛料）	0.1	复合防腐配料	按国家相关标准添加

二、麻辣藕带配方

1.麻辣藕带配方1

原料	生产配方/kg	原料	生产配方/kg
食用油	20	辣椒提取物（辣味）	0.3
藕带	200	缓释肉粉	0.6
辣椒	5	辣椒提取物（色泽）	0.2
谷氨酸钠	12	辣椒香味提取物	0.4
白砂糖	2	烤香鸡肉香料	0.2
食盐	2.5		

2.麻辣藕带配方2

原料	生产配方/kg	原料	生产配方/kg
藕带	200	热反应鸡肉粉	2
鲜味料	6	辣椒提取物(辣味)	0.8
食盐	3	花椒提取物	0.2
缓释肉粉	1	辣椒香味提取物	0.2
柠檬酸	0.2	脱皮白芝麻	3
白砂糖	1	辣椒提取物(色泽)	0.1
油辣椒	10		

3.麻辣藕带配方3

原料	生产配方/kg	原料	生产配方/kg
藕带	200	油辣椒	10
强化辣味香辛料	0.2	热反应鸡肉粉	2
复合麻辣专用香辛料	0.4	辣椒提取物(辣味)	0.8
鲜味料	6	花椒提取物	0.2
食盐	3	辣椒香味提取物	0.1
缓释肉粉	1	脱皮白芝麻	3
柠檬酸	0.2	辣椒提取物(色泽)	0.1
白砂糖	1		

第五十六节 麻辣馅料生产技术

一、麻辣白菜馅料配方

原料	生产配方/kg	原料	生产配方/kg
白菜粒	100	天然增香粉	0.02(20g)
谷氨酸钠	0.9	专用辣椒提取物(辣味口感)	0.3
缓释肉粉	2	白砂糖	2.2
复合酸味配料	0.2	麻辣专用调味原料	0.02(20g)

续表

原料	生产配方/kg	原料	生产配方/kg
辣椒油(含复合香辛料)	4.5	辣椒香料	0.002(2g)
I+G	0.04(40g)	辣椒提取物(色泽)	0.002(2g)

二、麻辣酱菜馅料配方

原料	生产配方/kg	原料	生产配方/kg
酱菜	100	天然增香粉	0.02(20g)
榨菜香味提取物	0.2	专用辣椒提取物 (辣味口感)	0.3
谷氨酸钠	0.9	白砂糖	2.2
缓释肉粉	2	麻辣专用调味原料	0.04(40g)
复合酸味配料	0.2	辣椒香料	0.002(2g)
辣椒油(含复合香辛料)	4.5	辣椒提取物(色泽)	0.002(2g)
I+G	0.04(40g)		

三、麻辣海白菜馅料配方

原料	生产配方/kg	原料	生产配方/kg
海白菜	100	天然增香粉	0.02(20g)
辣白菜蒜香提取物	0.2	专用辣椒提取物 (辣味口感)	0.3
谷氨酸钠	0.9	白砂糖	2.2
缓释肉粉	2	麻辣专用调味原料	0.02(20g)
复合酸味配料	0.2	辣椒香料	0.002(2g)
辣椒油(含复合香辛料)	4.5	辣椒提取物(色泽)	0.001(1g)
I+G	0.04(40g)		

四、麻辣东北酸菜馅料配方

原料	生产配方/kg	原料	生产配方/kg
酸菜	100	天然增香粉	0.02(20g)
菜香提取物	0.2	专用辣椒提取物（辣味口感）	0.3
谷氨酸钠	0.9	白砂糖	2.2
缓释肉粉	2	麻辣专用调味原料	0.08(80g)
复合酸味剂	0.2	辣椒香料	0.002(2g)
辣椒油(含复合香辛料)	4.5	辣椒提取物（辣椒色泽）	0.002(2g)
I+G	0.04(40g)		

五、麻辣木耳馅料配方

原料	生产配方/kg	原料	生产配方/kg
食用油	20	脱皮白芝麻	8
木耳	150	辣椒提取物（辣味）	0.3
辣椒	5	缓释肉粉	0.6
谷氨酸钠	12	辣椒提取物（色泽）	0.2
白砂糖	2	辣椒香味提取物	0.2
食盐	3.8	烤香牛肉香料	0.1

六、麻辣酸菜馅料配方

原料	生产配方/kg	原料	生产配方/kg
花椒提取物	0.5	食盐	2
食用油	10	辣椒提取物（辣味）	0.6
酸菜	145	缓释肉粉	0.4
花椒	5	辣椒提取物（色泽）	0.1
辣椒	3	辣椒香味提取物	0.1

续表

原料	生产配方/kg	原料	生产配方/kg
谷氨酸钠	6	烤香牛肉香料	0.2
白砂糖	1.2		

七、麻辣笋菜馅料配方

1.麻辣笋菜馅料配方1

原料	生产配方/kg	原料	生产配方/kg
食用油	50	食盐	2
竹笋	80	辣椒提取物（辣味）	0.8
酸菜	70	缓释肉粉	1.5
辣椒	8	辣椒提取物（色泽）	0.1
谷氨酸钠	12	辣椒提取物（香味）	0.1
白砂糖	2	脱皮白芝麻	0.6

2.麻辣笋菜馅料配方2

原料	生产配方/kg	原料	生产配方/kg
竹笋	50	辣椒提取物（辣味）	0.3
酸菜	50	白砂糖	2.5
缓释肉粉	1	辣椒提取物（香味）	0.03（30g）
柠檬酸	0.1	谷氨酸钠	0.8
辣椒油	5	辣椒提取物（色泽）	0.1
I+G	0.02（20g）	强化口感香料	0.2
乙基麦芽酚	0.02（20g）		

八、麻辣花生酸菜馅料配方

1.麻辣花生酸菜馅料配方1

原料	生产配方/kg	原料	生产配方/kg
花生	50	辣椒提取物（辣味）	0.3

原料	生产配方/kg	原料	生产配方/kg
酸菜	600	白砂糖	2.6
木姜子提取物	0.1	辣椒油	3
柠檬酸	0.2	乙基麦芽酚	0.02(20g)
谷氨酸钠	0.9	山梨酸钾	按国家相关标准添加
缓释肉粉	2	脱氢醋酸钠	按国家相关标准添加
天然香辛料	0.02(20g)	复合磷酸盐	按国家相关标准添加
辣椒香味物质	0.2		

2.麻辣花生酸菜馅料配方2

原料	生产配方/kg	原料	生产配方/kg
花椒提取物	0.5	白砂糖	1.2
食用油	10	食盐	2
花生	10	辣椒提取物(辣味)	0.5
酸菜	120	缓释肉粉	0.4
花椒	5	辣椒提取物(色泽)	0.1
辣椒	3	辣椒提取物(香味)	0.1
谷氨酸钠	6	烤牛肉香料	0.2

第五十七节　麻辣菊芋生产技术

一、麻辣菊芋配方1

原料	生产配方/kg	原料	生产配方/kg
花椒提取物	0.5	食盐	2
食用油	10	辣椒提取物(辣味)	0.2
菊芋	110	缓释肉粉	0.8
花椒	5	辣椒提取物(色泽)	0.1
辣椒	3	辣椒提取物(香味)	0.1

续表

原料	生产配方/kg	原料	生产配方/kg
谷氨酸钠	6	烤香牛肉香料	0.2
白砂糖	1.2		

二、麻辣菊芋配方 2

原料	生产配方/kg	原料	生产配方/kg
菊芋	100	辣椒提取物（辣味）	0.6
食盐	2	白砂糖	2.3
缓释肉粉	2	辣椒香味物质	0.03（30g）
柠檬酸	0.2	谷氨酸钠	0.9
辣椒油	4.6	天然增鲜调味料	0.2
I+G	0.02（20g）	天然增香调味料	0.2
乙基麦芽酚	0.02（20g）	辣椒提取物（辣味口感）	0.2

三、麻辣菊芋配方 3

原料	生产配方/kg	原料	生产配方/kg
菊芋	100	辣椒提取物（辣味）	0.3
食盐	2	白砂糖	0.2
缓释肉粉	1	辣椒香味物质	0.02（20g）
柠檬酸	0.2	谷氨酸钠	0.9
辣椒油	20	天然增鲜调味料	0.2
I+G	0.02（20g）	天然增香调味料	0.6
乙基麦芽酚	0.02（20g）	青花椒麻味提取物	0.4

四、麻辣菊芋配方 4

原料	生产配方/kg	原料	生产配方/kg
食用油	100	白砂糖	2

续表

原料	生产配方/kg	原料	生产配方/kg
菊芋	150	辣椒香味物质	0.1
辣椒	15	辣椒提取物(辣味)	0.8
白芝麻	15	缓释肉粉	1.5
食盐	3	辣椒提取物(色泽)	0.2
谷氨酸钠	10		

五、麻辣菊芋配方5

原料	生产配方/kg	原料	生产配方/kg
菊芋	100	乙基麦芽酚	0.05(50g)
食盐	1.5	辣椒提取物(辣味)	0.1
谷氨酸钠	1	芝麻香味物质	0.02(20g)
缓释肉粉	0.2	脱皮白芝麻	5
柠檬酸	0.05(50g)	辣椒香味物质	0.006(6)
强化辣味香料	0.1	辣椒油	5
I+G	0.05(50g)	郫县豆瓣	5

六、麻辣菊芋配方6

原料	生产配方/kg	原料	生产配方/kg
菊芋	1000	I+G	0.06(60g)
食盐	15	乙基麦芽酚	0.2
强化厚味香料	0.5	辣椒提取物(辣味)	3
谷氨酸钠	9	花椒提取物	2
缓释肉粉	5	辣椒提取物(口感)	1.5
柠檬酸	0.2	辣椒油	200
强化辣味香料	1.5		

七、麻辣菊芋配方7

原料	生产配方/kg	原料	生产配方/kg
白砂糖	0.5	I+G	0.05(50g)
菊芋	1000	乙基麦芽酚	0.2
食盐	15	辣椒提取物(辣味)	3
谷氨酸钠	9	强化厚味香料	0.5
缓释肉粉	8	花椒提取物	2
柠檬酸	0.2	辣椒提取物(口感)	1.5
强化辣味香料	1.5	辣椒油	200

八、麻辣菊芋配方8

原料	生产配方/kg	原料	生产配方/kg
白砂糖	2	强化辣味香料	1.5
芝麻香味物质	0.02	I+G	0.05(50g)
菊芋	1000	乙基麦芽酚	0.2
食盐	15	辣椒提取物(辣味)	3
谷氨酸钠	9	花椒提取物	2
缓释肉粉	7	辣椒提取物(口感)	0.2
柠檬酸	0.2	辣椒油	100

九、麻辣菊芋配方9

原料	生产配方/kg	原料	生产配方/kg
白砂糖	4	强化辣味香料	3.4
芝麻香味物质	0.1	I+G	0.1
菊芋	2250	乙基麦芽酚	0.1
食盐	34	辣椒提取物(辣味)	6.7
谷氨酸钠	20	花椒提取物	4.5
缓释肉粉	4.2	辣椒油	800
柠檬酸	1.5		

十、麻辣菊芋配方10

原料	生产配方/kg	原料	生产配方/kg
菊芋	2000	强化辣味香料	5
白砂糖	1.2	乙基麦芽酚	0.1
食盐	34.5	I+G	0.5
谷氨酸钠	20.7	厚味香料	1.2
缓释肉粉	1.5	青花椒提取物	4.6
柠檬酸	1.2	辣椒提取物(辣味)	7
辣椒油(含辣椒、芝麻)	460	辣椒香味物质	0.1

十一、麻辣菊芋配方11

原料	生产配方/kg	原料	生产配方/kg
薄荷香味提取物	0.2	强化辣味香料	5
菊芋	2000	乙基麦芽酚	0.1
白砂糖	1.2	I+G	0.5
食盐	34.5	厚味香料	1.2
谷氨酸钠	20.7	青花椒提取物	4.6
缓释肉粉	4.5	辣椒提取物(辣味)	7
柠檬酸	1.2	辣椒香味物质	0.1
辣椒油(含辣椒、芝麻)	460		

十二、麻辣菊芋配方12

原料	生产配方/kg	原料	生产配方/kg
菊芋	150	辣椒提取物(色泽)	0.1
辣椒	5	辣椒香味物质	0.1
谷氨酸钠	10	食盐	3
白砂糖	2	芝麻	6
辣椒提取物(辣味)	0.3	鸡肉香料	0.1
缓释肉粉	0.8		

第五十八节　麻辣甜瓜干生产技术

一、麻辣甜瓜干配方1

原料	生产配方/kg	原料	生产配方/kg
甜瓜	380	I+G	0.05(50g)
食盐	1.5	天然辣椒提取物（香味）	0.2
水溶辣椒精	0.1	辣椒粉	2
鲜味料	1.4	花椒粉	0.4
肉味粉	0.2	辣椒精	0.06(60g)
复合氨基酸	0.12	花椒油	0.02(20g)
水解植物蛋白粉	0.22		

二、麻辣甜瓜干配方2

原料	生产配方/kg	原料	生产配方/kg
甜瓜	380	I+G	0.05(50g)
食盐	1	天然辣椒提取物(香味)	0.21
水溶辣椒精	0.1	辣椒粉	2
鲜味料	1	花椒粉	0.42
肉味粉	0.2	辣椒精	0.06(60g)
复合氨基酸	0.12	增香香料	0.05(50g)
水解植物蛋白粉	0.1	花椒油	0.02(20g)

第五十九节　麻辣莴笋生产技术

山椒麻辣莴笋配方

原料	生产配方/kg	原料	生产配方/kg
莴笋	260	专用辣椒提取物（辣味）	1.6
谷氨酸钠	4	白砂糖	4
I+G	0.2	山椒提取物	0.02（20g）
缓释肉粉	4	辣椒香料	0.02（20g）
复合酸味配料	0.2	复合抗氧化配料	按国家相关标准添加
专用调味液（含复合香辛料）	20	复合防腐配料	按国家相关标准添加
野山椒	20		

第六十节　麻辣贡菜生产技术

一、麻辣贡菜生产配方1

原料	生产配方/kg	原料	生产配方/kg
贡菜	260	野山椒	20
食盐	0.2	专用辣椒提取物（辣味）	1.6
谷氨酸钠	4	白砂糖	4
I+G	0.2	山椒提取物	0.02（20g）
缓释肉粉	1.5	辣椒香料	0.02（20g）
复合酸味配料	0.2	复合抗氧化配料	按国家相关标准添加
专用调味液（含复合香辛料）	20	复合防腐配料	按国家相关标准添加

二、麻辣贡菜配方 2

原料	生产配方/kg	原料	生产配方/kg
食用油	20	辣椒提取物（辣味）	0.3
贡菜	150	缓释肉粉	0.4
辣椒	5	辣椒提取物（色泽）	0.2
谷氨酸钠	12	辣椒提取物（香味）	0.2
白砂糖	2	烤牛肉香料	0.2
食盐	2.5		

第六十一节　麻辣牛蒡生产技术

一、麻辣牛蒡生产配方 1

原料	生产配方/kg	原料	生产配方/kg
牛蒡	1700	热反应鸡肉粉	16
山椒	260	鸡油香料	8
食盐	40	专用辣椒提取物（辣味）	8
谷氨酸钠	40	白砂糖	2
I+G	2	山椒提取物	0.02（20g）
缓释肉粉	8	辣椒香料	0.02（20g）
复合酸味剂	0.2	复合抗氧化配料	按国家相关标准添加
专用调味液 （含复合香辛料）	0.3	复合防腐配料	按国家相关标准添加

二、麻辣牛蒡生产配方 2

原料	生产配方/kg	原料	生产配方/kg
牛蒡	1700	专用调味液 （含复合香辛料）	0.3

原料	生产配方/kg	原料	生产配方/kg
山椒	260	热反应鸡肉粉	16
强化辣味香辛料	1	鸡油香料	8
麻辣专用香辛料	1	专用辣椒提取物（辣味）	8
食盐	40	白砂糖	2
谷氨酸钠	40	山椒提取物	0.02（20g）
I+G	2	辣椒香料	0.02（20g）
缓释肉粉	10	复合抗氧化配料	按国家相关标准添加
复合酸味配料	0.2	复合防腐配料	按国家相关标准添加

第六十二节　麻辣车前草生产技术

一、麻辣车前草配方1

原料	生产配方/kg	原料	生产配方/kg
强化厚味香料	0.2	天然增香粉	0.02（20g）
车前草	100	专用辣椒提取物（辣味）	0.3
谷氨酸钠	0.9	白砂糖	2.2
I+G	0.05（50g）	辣椒提取物（色泽）	0.02（20g）
缓释肉粉	0.7	辣椒香料	0.002（2g）
复合酸味配料	0.1	复合抗氧化配料	按国家相关标准添加
辣椒油（含复合香辛料）	5	复合防腐配料	按国家相关标准添加

二、麻辣车前草配方2

原料	生产配方/kg	原料	生产配方/kg
车前草	150	辣椒提取物（香味）	0.06（60g）
谷氨酸钠	10	食盐	1.2

原料	生产配方/kg	原料	生产配方/kg
白砂糖	2	辣椒	5
辣椒提取物（辣味）	0.3	麻辣专用复合香辛料	0.06（60g）
缓释肉粉	0.8	强化辣味香辛料	0.2
辣椒提取物（色泽）	0.02（20g）	强化口感香辛料	0.3

第六十三节　麻辣马齿苋生产技术

麻辣马齿苋配方

1.麻辣马齿苋配方1

原料	生产配方/kg	原料	生产配方/kg
食用油	10	辣椒提取物（辣味）	0.2
马齿苋	90	缓释肉粉	0.5
辣椒	3	辣椒提取物（色泽）	0.1
谷氨酸钠	6	辣椒提取物（香味）	0.1
白砂糖	1.2	烤香鸡肉香料	0.2
食盐	2		

2.麻辣马齿苋配方2

原料	生产配方/kg	原料	生产配方/kg
马齿苋	2000	乙基麦芽酚	2.8
食盐	28	辣椒提取物（辣味）	0.2
鲜味料	42	天然香辛料提取物	0.2
白砂糖	1.4	辣椒香味物质	0.2
柠檬酸	1.8	热反应鸡肉粉	2.8
缓释肉粉	50	食用油	700
辣椒粉	0.02（20g）		

3.麻辣马齿苋配方3

原料	生产配方/kg	原料	生产配方/kg
马齿苋	2000	乙基麦芽酚	5.6
食盐	28	辣椒提取物（辣味）	0.2
鲜味料	42	天然香辛料提取物	0.3
白砂糖	1.4	辣椒香味物质	0.2
柠檬酸	1.8	热反应鸡肉粉	10
缓释肉粉	45	食用油	200
辣椒粉	0.02(20g)		

4.麻辣马齿苋配方4

原料	生产配方/kg	原料	生产配方/kg
马齿苋	150	缓释肉粉	1
食盐	1	辣椒粉	10
菜籽油	250	乙基麦芽酚	0.1
豆豉	150	辣椒提取物（辣味）	0.4
鲜味料	4	天然大蒜提取物	0.05(50g)
白砂糖	6	辣椒香味物质	0.9
青花椒	0.4	热反应鸡肉粉	4

第六十四节　麻辣甜菜丝生产技术

一、麻辣甜菜丝配方1

原料	生产配方/kg	原料	生产配方/kg
食用油	10	辣椒提取物（辣味）	0.2
甜菜丝	90	缓释肉粉	0.8
辣椒	3	辣椒提取物（色泽）	0.1

续表

原料	生产配方/kg	原料	生产配方/kg
谷氨酸钠	6	辣椒提取物（香味）	0.1
白砂糖	1.2	烤香鸡肉香料	0.2
食盐	2		

二、麻辣甜菜丝配方 2

原料	生产配方/kg	原料	生产配方/kg
甜菜丝	150	辣椒提取物（色泽）	0.02（20g）
食用油	12	辣椒提取物（香味）	0.03（30g）
谷氨酸钠	10	食盐	3.2
白砂糖	2	辣椒	5
辣椒提取物（辣味）	0.3	麻辣专用复合香辛料	0.2
缓释肉粉	0.8	天然增鲜调味料	0.1

第六十五节　麻辣青菜丝生产技术

一、麻辣青菜丝配方 1

原料	生产配方/kg	原料	生产配方/kg
食用油	10	辣椒提取物（辣味）	0.2
青菜丝	90	缓释肉粉	0.9
辣椒	3	辣椒提取物（色泽）	0.1
谷氨酸钠	6	辣椒提取物（香味）	0.1
白砂糖	1.2	烤香牛肉香料	0.2
食盐	2		

二、麻辣青菜丝配方2

原料	生产配方/kg	原料	生产配方/kg
青菜丝	1000	辣椒油(含辣椒、芝麻)	250
白砂糖	1	强化辣味香料	2.5
食盐	17.3	乙基麦芽酚	0.25
谷氨酸钠	11	I+G	0.1
缓释肉粉	5.5	厚味香料	0.6
柠檬酸	0.6	青花椒提取物	2.3

第六十六节　麻辣野菜生产技术

麻辣野菜配方

原料	生产配方/kg	原料	生产配方/kg
食用油	10	辣椒提取物(辣味)	0.2
野菜	90	缓释肉粉	0.8
辣椒	3	辣椒提取物(色泽)	0.1
谷氨酸钠	6	辣椒提取物(香味)	0.1
白砂糖	1.2	烤香牛肉香料	0.2
食盐	2		

第六十七节　麻辣洋禾生产技术

麻辣洋禾配方

原料	生产配方/kg	原料	生产配方/kg
食用油	10	辣椒提取物(辣味)	0.2

续表

原料	生产配方/kg	原料	生产配方/kg
洋禾	90	缓释肉粉	0.6
辣椒	3	辣椒提取物（色泽）	0.1
谷氨酸钠	6	辣椒提取物（香味）	0.1
白砂糖	1.2	烤香牛肉香料	0.2
食盐	2		

第六十八节　麻辣豇豆生产技术

麻辣豇豆配方

原料	生产配方/kg	原料	生产配方/kg
食用油	10	辣椒提取物（辣味）	0.2
豇豆	90	缓释肉粉	0.9
辣椒	3	辣椒提取物（色泽）	0.1
谷氨酸钠	6	辣椒提取物（香味）	0.1
白砂糖	1.2	烤香牛肉香料	0.2
食盐	2		

第六十九节　麻辣牛肝菌生产技术

麻辣牛肝菌配方

原料	生产配方/kg	原料	生产配方/kg
食用油	10	辣椒提取物（辣味）	0.2
牛肝菌	90	缓释肉粉	0.7
辣椒	3	辣椒提取物（色泽）	0.1
谷氨酸钠	6	辣椒提取物（香味）	0.1

原料	生产配方/kg	原料	生产配方/kg
白砂糖	1.2	烤香牛肉香料	0.2
食盐	2		

第七十节　麻辣鲍鱼菇生产技术

麻辣鲍鱼菇配方

1.麻辣鲍鱼菇配方1

原料	生产配方/kg	原料	生产配方/kg
鲍鱼菇	200	白砂糖	3
鲜味料	3	辣椒提取物(口感)	0.5
缓释肉粉	1	甜味配料	0.02(20g)
辣椒提取物	1	食用油	2
香辛料香味提取物	0.05(0g)	乙基麦芽酚	0.02(20g)
辣椒提取物(辣味)	0.3		

2.麻辣鲍鱼菇配方2

原料	生产配方/kg	原料	生产配方/kg
鲍鱼菇	5000	白砂糖	150
鲜味料	150	脱皮白芝麻	20
缓释肉粉	50	甜味剂	0.2
辣椒提取物	100	食用油	250
香辛料香味提取物	0.	乙基麦芽酚	2
辣椒提取物(辣味)	15		

第七十一节　麻辣核桃花生产技术

麻辣核桃花配方

原料	生产配方/kg	原料	生产配方/kg
花椒提取物	0.5	食盐	2
食用油	10	辣椒提取物（辣味）	0.2
核桃花	98	缓释肉粉	0.3
花椒	5	辣椒提取物（色泽）	0.1
辣椒	3	辣椒提取物（香味）	0.1
谷氨酸钠	6	烤香牛肉香料	0.2
白砂糖	1.2		

第七十二节　麻辣刺耳牙生产技术

麻辣刺耳牙配方

原料	生产配方/kg	原料	生产配方/kg
刺耳牙	170	野山椒	30
食盐	4	专用辣椒提取物（辣味）	0.9
谷氨酸钠	4	白砂糖	0.2
I+G	0.2	山椒提取物	0.02(20g)
缓释肉粉	2	辣椒香料	0.1
复合酸味配料	0.2	复合抗氧化配料	按国家相关标准添加
专用调味液（含复合香辛料）	0.1	复合防腐配料	按国家相关标准添加

第七十三节　麻辣丝瓜生产技术

一、麻辣丝瓜配方1

原料	生产配方/kg	原料	生产配方/kg
丝瓜	1000	黑胡椒粉	1.5
食盐	15	乙基麦芽酚	0.2
谷氨酸钠	9	I+G	0.05(50g)
缓释肉粉	5	强化厚味香料	0.6
柠檬酸	0.5	青花椒麻味物质	2
辣椒油	200	辣椒提取物(辣味)	3
辣椒提取物(口感)	1.5	辣椒提取物(香味)	0.02(20g)

二、麻辣丝瓜配方2

原料	生产配方/kg	原料	生产配方/kg
丝瓜丝	155	辣椒提取物(辣味)	0.3
辣椒	5	缓释肉粉	0.5
谷氨酸钠	12	辣椒提取物(色泽)	0.2
白砂糖	2	辣椒提取物(香味)	0.3
食盐	3.6	脱皮白芝麻	6

三、麻辣丝瓜配方3

原料	生产配方/kg	原料	生产配方/kg
食用油	100	食盐	1.6
丝瓜丝	150	辣椒提取物(辣味)	0.3
辣椒	15	缓释肉粉	1.5
谷氨酸钠	12	辣椒提取物(色泽)	0.2
白砂糖	2	辣椒提取物(香味)	0.4

四、麻辣丝瓜配方 4

原料	生产配方/kg	原料	生产配方/kg
糊辣椒提取物	0.1	食盐	0.2
食用油	100	辣椒提取物（辣味）	0.3
丝瓜丝	150	缓释肉粉	1.5
辣椒	15	辣椒提取物（色泽）	0.2
谷氨酸钠	12	辣椒提取物（香味）	0.3
白砂糖	2		

第七十四节　麻辣洋葱酱生产技术

一、麻辣洋葱酱配方 1

原料	生产配方/kg	原料	生产配方/kg
食用油	120	白砂糖	8
白胡椒粉	0.5	郫县豆瓣	20
豌豆泥	21	豆豉	10
食盐	3	缓释肉粉	1
洋葱	40	花椒	0.2
谷氨酸钠	5	辣椒	5
I＋G	0.2	辣椒提取物（辣味）	0.6

二、麻辣洋葱酱配方 2

原料	生产配方/kg	原料	生产配方/kg
洋葱	100	天然辣椒香味物质	0.1
煮豌豆泥	100	永川豆豉	20

原料	生产配方/kg	原料	生产配方/kg
食盐	3	郫县豆瓣	30
谷氨酸钠	3	辣椒	5
缓释肉粉	3	食用油	150
白砂糖	1	辣椒提取物（辣味）	0.8

第七十五节　麻辣松茸生产技术

麻辣松茸配方

原料	生产配方/kg	原料	生产配方/kg
松茸片	200	辣椒提取物（色泽）	0.2
食盐	2	辣椒提取物（香味）	0.2
鲜味料	3	花椒提取物（麻味）	0.2
辣椒提取物（辣味）	0.3	鸡肉膏	1
缓释肉粉	1		

第七十六节　麻辣胡萝卜生产技术

麻辣胡萝卜配方

原料	生产配方/kg	原料	生产配方/kg
胡萝卜	2000	辣椒提取物（辣味）	0.1
食盐	28	乙基麦芽酚	5
鲜味料	42	辣椒提取物（香味）	0.2
柠檬酸	1	热反应鸡肉粉	3
缓释肉粉	1	强化厚味肉味粉	0.1
辣椒粉	70	复合磷酸盐	0.1

第七十七节　麻辣黄花生产技术

一、麻辣黄花配方1

原料	生产配方/kg	原料	生产配方/kg
黄花	100	辣椒提取物(辣味)	0.3
木姜子提取物	0.1	白砂糖	2.6
柠檬酸	0.2	辣椒油	3.1
谷氨酸钠	0.9	乙基麦芽酚	0.02(20g)
缓释肉粉	3	山梨酸钾	按国家相关标准添加
天然香辛料	0.02(20g)	脱氢醋酸钠	按国家相关标准添加
辣椒香味物质	0.2	复合磷酸盐	按国家相关标准添加

二、麻辣黄花配方2

原料	生产配方/kg	原料	生产配方/kg
黄花	100	白砂糖	2.6
柠檬酸	0.2	辣椒油	3.2
谷氨酸钠	0.9	乙基麦芽酚	0.02(20g)
缓释肉粉	2	山梨酸钾	按国家相关标准添加
天然香辛料	0.02(20g)	脱氢醋酸钠	按国家相关标准添加
辣椒香味物质	0.2	复合磷酸盐	按国家相关标准添加
辣椒提取物(辣味)	0.3		

三、麻辣黄花配方3

原料	生产配方/kg	原料	生产配方/kg
食用油	10	辣椒提取物(辣味)	0.2
黄花	90	缓释肉粉	0.4

原料	生产配方/kg	原料	生产配方/kg
辣椒	3	辣椒提取物(色泽)	0.1
谷氨酸钠	6	辣椒提取物(香味)	0.1
白砂糖	1.2	烤香牛肉香料	0.2
食盐	2		

第七十八节　麻辣猴头菇生产技术

一、麻辣猴头菇配方1

原料	生产配方/kg	原料	生产配方/kg
猴头菇	150	辣椒提取物(香味)	0.2
食用油	10	食盐	5
谷氨酸钠	2	辣椒	0.2
白砂糖	0.3	麻辣专用复合香辛料	0.2
辣椒提取物(辣味)	0.5	强化纯肉香味香辛料	0.1
缓释肉粉	0.06(60g)	强化口感香辛料	0.1
辣椒提取物(色泽)	0.02(20g)		

二、麻辣猴头菇配方2

原料	生产配方/kg	原料	生产配方/kg
猴头菇	100	白砂糖	2.5
缓释肉粉	2	辣椒提取物(香味)	0.2
柠檬酸	0.2	谷氨酸钠	0.9
辣椒油	4.2	辣椒提取物(色泽)	0.03(30g)
I+G	0.02(20g)	强化口感香料	0.03(30g)
乙基麦芽酚	0.02(20g)	烤香牛肉香料	0.02(20g)
辣椒提取物(辣味)	0.3	肉味香味强化香辛料	0.02(20g)

三、麻辣猴头菇配方 3

原料	生产配方/kg	原料	生产配方/kg
孜然粉	0.4	乙基麦芽酚	0.2
孜然提取物	0.2	辣椒提取物（辣味）	0.3
猴头菇	100	白砂糖	2.3
缓释肉粉	0.45	辣椒提取物（香味）	0.05(50g)
柠檬酸	0.18	谷氨酸钠	0.9
辣椒油	3.8	辣椒提取物（色泽）	0.1
I + G	0.1	强化口感香料	0.1

四、麻辣猴头菇配方 4

原料	生产配方/kg	原料	生产配方/kg
食用油	10	辣椒提取物（辣味）	0.2
猴头菇	90	缓释肉粉	0.4
辣椒	3	辣椒提取物（色泽）	0.1
谷氨酸钠	6	辣椒提取物（香味）	0.1
白砂糖	1.2	烤香鸡肉香料	0.1
食盐	2		

第七十九节　麻辣芥菜丝生产技术

一、麻辣芥菜丝配方 1

原料	生产配方/kg	原料	生产配方/kg
芥菜丝	100	辣椒油	20
食盐	3	花椒油	0.2
柠檬酸	0.2	脂香提取物	0.2

续表

原料	生产配方/kg	原料	生产配方/kg
鲜味料	6	辣椒提取物（香味）	0.02（20g）
缓释肉粉	1	料酒	6
白砂糖	1	酱油	8
辣椒提取物（辣味）	0.8	脱皮白芝麻	5

二、麻辣芥菜丝配方 2

原料	生产配方/kg	原料	生产配方/kg
芥菜	400	辣椒提取物（辣味）	1.2
谷氨酸钠	3.2	白砂糖	10.2
缓释肉粉	2.5	脱皮白芝麻	12
柠檬酸	0.4	酱油	5
辣椒油	20	酱香香料	0.5
I + G	0.4	强化厚味香料	0.2
乙基麦芽酚	0.4	焦糖色素	0.2

三、麻辣芥菜丝配方 3

原料	生产配方/kg	原料	生产配方/kg
食用油	20	食盐	2.5
芥菜	150	辣椒提取物（辣味）	0.3
芝麻	5	缓释肉粉	0.6
辣椒	5	辣椒提取物（色泽）	0.2
谷氨酸钠	12	辣椒提取物（香味）	0.2
白砂糖	2	烤香牛肉香料	0.1

四、麻辣芥菜丝配方 4

原料	生产配方/kg	原料	生产配方/kg
芥菜丝	100	辣椒提取物（辣味）	0.8

续表

原料	生产配方/kg	原料	生产配方/kg
食盐	3	辣椒油	22
鲜味料	6	花椒油	0.2
柠檬酸	0.2	脂香提取物	0.2
缓释肉粉	1	烧烤香味提取物	0.4
白砂糖	1	脱皮白芝麻	12

第八十节　麻辣花生芽生产技术

一、麻辣花生芽配方

1.麻辣花生芽配方1

原料	生产配方/kg	原料	生产配方/kg
花生芽（脱水之后）	100	专用辣椒提取物（辣味口感）	0.3
谷氨酸钠	0.9	白砂糖	2.2
食盐	3.5	麻辣专用调味原料	0.02(20g)
肉味粉	0.2	辣椒香料	0.002(2g)
复合酸味配料	0.1	辣椒提取物（色泽）	0.002(2g)
辣椒油（含复合香辛料）	5	复合抗氧化配料	按国家相关标准添加
I+G	0.04(40g)	复合防腐配料	按国家相关标准添加
天然增香粉	0.02(20g)		

2.麻辣花生芽配方2

原料	生产配方/kg	原料	生产配方/kg
花生芽（脱水之后）	100	专用辣椒提取物（辣味口感）	0.3
谷氨酸钠	0.9	白砂糖	2.2
食盐	3.5	麻辣专用调味原料	0.02(20g)
缓释肉粉	2	辣椒香精	0.002(2g)

续表

原料	生产配方/kg	原料	生产配方/kg
复合酸味配料	0.2	辣椒提取物 （色泽）	0.002(2g)
辣椒油 （含复合香辛料）	4.5	复合抗氧化配料	按国家相关标准添加
I+G	0.04(40g)	复合防腐配料	按国家相关标准添加
天然增香粉	0.02(20g)		

3.麻辣花生芽配方3

原料	生产配方/kg	原料	生产配方/kg
花生芽	100	辣椒香味物质	0.2
花椒油	0.1	辣椒提取物（辣味）	0.3
柠檬酸	0.2	白砂糖	2.6
谷氨酸钠	0.9	辣椒油	3.1
缓释肉粉	2	乙基麦芽酚	0.02(20g)
天然香辛料	0.02(20g)		

二、麻辣山椒花生芽配方

1.麻辣山椒花生芽配方1

原料	生产配方/kg	原料	生产配方/kg
花生芽	260	野山椒	20
食盐	0.2	专用辣椒提取物（辣味）	1.6
谷氨酸钠	4	白砂糖	4
I+G	0.2	山椒提取物	0.02(20g)
缓释肉粉	1	辣椒香料	0.02(20g)
复合酸味配料	0.2	复合抗氧化配料	按国家相关标准添加
专用调味液 （含复合香辛料）	20	复合防腐配料	按国家相关标准添加

2.麻辣山椒花生芽配方2

原料	生产配方/kg	原料	生产配方/kg
花生芽	260	野山椒	20
食盐	0.2	专用辣椒提取物（辣味）	1.6
谷氨酸钠	4	白砂糖	4
I + G	0.2	山椒提取物	0.02(20g)
缓释肉粉	1	辣椒香料	0.02(20g)
复合酸味配料	0.2	复合抗氧化配料	按国家相关标准添加
专用调味液（含复合香辛料）	20	复合防腐配料	按国家相关标准添加

3.麻辣山椒花生芽配方3

原料	生产配方/kg	原料	生产配方/kg
花生芽	170	专用调味液（含复合香辛料）	0.1
强化辣味香辛料	0.2	野山椒	30
麻辣专用香辛料	0.2	专用辣椒提取物（辣味）	0.9
食盐	4	白砂糖	0.2
谷氨酸钠	4	山椒提取物	0.02(20g)
I + G	0.2	辣椒香料	0.1
缓释肉粉	1	复合抗氧化配料	按国家相关标准添加
复合酸味配料	0.2	复合防腐配料	按国家相关标准添加

第八十一节　火锅及火锅底料生产技术

一、火锅增香原料配方

原料	生产配方/kg	原料	生产配方/kg
食盐	16	水	50
谷氨酸钠	10	酵母提取物	3

原料	生产配方/kg	原料	生产配方/kg
I + G	0.5	水解植物蛋白粉	10
淀粉	5	乙基麦芽酚	0.2
复合氨基酸	2	香辛料调味粉	0.5
牛油	10	郫县豆瓣粉	0.2

二、火锅调味特色配料配方

1.火锅调味基料配方1

原料	生产配方/kg	原料	生产配方/kg
食盐	60	乙基麦芽酚	2
鲜味料	30	鸡肉粉	2
肉味粉	10	骨素	2

2.火锅调味基料配方2

原料	生产配方/kg	原料	生产配方/kg
食盐	60	乙基麦芽酚	1
鲜味料	30	鸡肉粉	2
肉味粉	5	骨素	5

3.火锅调味基料配方3

原料	生产配方/kg	原料	生产配方/kg
食盐	60	肉味粉	10
辣椒香味物质	2	乙基麦芽酚	2
辣椒提取物(辣味)	2	鸡肉粉	2
鲜味料	30	骨素	2

4.火锅调味基料配方4

原料	生产配方/kg	原料	生产配方/kg
辣椒提取物(辣味)	2	肉味粉	5

原料	生产配方/kg	原料	生产配方/kg
食盐	60	乙基麦芽酚	1
天然辣椒香味物质	2	鸡肉粉	2
鲜味料	30	骨素	2

5.火锅调味基料配方5

原料	生产配方/kg	原料	生产配方/kg
水解植物蛋白粉	22	增鲜配料	20
水解鸡肉蛋白粉	18	I+G	5
水解豚骨粉	19	天然增香调味料	4
高汤鸡肉粉	35	天然增鲜调味料	3

6.火锅调味基料配方6

原料	生产配方/kg	原料	生产配方/kg
食用油	48.5	复合氨基酸	1.2
增香香料	0.6	猪油	1.9
增味配料	0.7	辣椒提取物(香味)	0.2
牛肉香料	0.1	辣椒提取物(色泽)	0.3

三、火锅浓缩香料配方

1.火锅浓缩香料配方1

原料	生产配方/kg	原料	生产配方/kg
肉桂	2	清香红花椒油	20
猪排强化油	3	香菜提取物	10
大茴油	3	青花椒香味物质	60
串串专用油	60	青花椒麻味物质	60
排草科油	3	辣椒提取物(香味)	1
青椒皮油	20	清香红花椒油	20
椒香油	10		

2.火锅浓缩香料配方 2

原料	生产配方/kg	原料	生产配方/kg
肉桂	0.3	椒香油	1.5
猪排强化油	0.5	清香红花椒油	3
大茴油	0.5	香菜提取物	1.5
串串专用油	10	青花椒香味物质	10
排草科油	0.5	青花椒麻味物质	10
青椒皮油	3	辣椒提取物（香味）	0.15

四、耐高温增味配料配方

原料	生产配方/kg	原料	生产配方/kg
食盐	40	白胡椒粉	0.1
谷氨酸钠	26	白砂糖	10
I+G	1.3	小麦鲜味蛋白	10
缓释肉粉	1.5	豆鲜蛋白肽	3
淀粉	10.1	鸡香味香料	0.05(50g)

五、骨香味强化配料配方

原料	生产配方/kg	原料	生产配方/kg
食盐	30	淀粉	54
谷氨酸钠	12	热反应鸡肉粉	5
I+G	0.6	白砂糖	5
肉味增香专用香料	1	葱叶	0.1
辣椒粉	3	辣椒提取物（色泽）	1

六、海鲜味增味配料配方

原料	生产配方/kg	原料	生产配方/kg
食盐	30	淀粉	44

原料	生产配方/kg	原料	生产配方/kg
谷氨酸钠	12	热反应鸡肉粉	0.2
I+G	0.6	白砂糖	5
鱼香专用香料	1	复合香辛料	0.2
辣椒粉	3	辣椒提取物(口感)	0.2

七、鲜香增味配料配方

原料	生产配方/kg	原料	生产配方/kg
食盐	30	淀粉	44
谷氨酸钠	12	热反应鸡肉粉	5
I+G	0.6	白砂糖	5
肉味增香专用香料	1	天然增香调味料	1
辣椒粉	1	天然增鲜调味料	1

八、麻辣火锅底料配方

1.麻辣火锅底料配方1

原料	生产配方/kg	原料	生产配方/kg
食用油	800	生姜	2.8
郫县豆瓣	90	大蒜	35
豆豉	28	青花椒	36
红花椒	15	花椒提取物	45
辣椒	25	辣椒提取物	2
八角	12	脂香强化香料	1
复合香辛料	3	辣味香料	1.5

2.麻辣火锅底料配方2

原料	生产配方/kg	原料	生产配方/kg
椒香提取物	1	复合香辛料	3
浓香鸡油	2.2	生姜	2.8

续表

原料	生产配方/kg	原料	生产配方/kg
烤香香料	3.2	大蒜	35
食用油	800	青花椒	36
郫县豆瓣	90	花椒提取物	45
豆豉	28	辣椒提取物	2
红花椒	15	脂香强化香料	1
辣椒	25	辣味香料	1.5
八角	12		

3.麻辣火锅底料配方3

原料	生产配方/kg	原料	生产配方/kg
牛油	450	辣椒提取物(辣味)	0.1
郫县豆瓣	180	排草	0.5
豆豉	50	丁香	0.5
食盐	50	紫草	0.5
白砂糖	30	陈皮	0.5
红花椒	25	甘草	0.5
谷氨酸钠	20	香叶	0.6
鲜味料	25	八角	11
生姜	30	辣椒	42
大蒜	50	醪糟	12
辣椒提取物(色泽)	0.1	辣椒香味物质	0.1

4.麻辣火锅底料配方4

原料	生产配方/kg	原料	生产配方/kg
牛油	800	紫草	0.2
郫县豆瓣	50	陈皮	0.2
豆豉	300	甘草	0.2
食盐	110	香叶	0.3
白砂糖	30	八角	11
红花椒	25	冰糖	30

续表

原料	生产配方/kg	原料	生产配方/kg
谷氨酸钠	23	辣椒	42
鲜味料	2	醪糟	12
生姜	30	茅草	0.7
大蒜	50	草果	1
辣椒提取物（色泽）	0.2	泡辣椒	120
辣椒提取物（辣味）	0.6	红辣椒油	60
排草	0.2	辣椒香味物质	0.1
丁香	0.2		

5.麻辣火锅底料配方5

原料	生产配方/kg	原料	生产配方/kg
牛油	80	木香	0.1
郫县豆瓣	40	紫草	0.1
小茴	0.2	陈皮	0.1
食盐	16	甘草	1.2
白砂糖	3	香叶	0.07（70g）
红花椒	2.5	八角	1
谷氨酸钠	2	辣椒	5
鲜味料	0.1	醪糟	1.2
生姜	3	桂皮	0.1
大蒜	5	草果	0.4
辣椒提取物（色泽）	0.2	泡辣椒	12
辣椒提取物（辣味）	0.5	红辣椒油	6
三奈	0.1	辣椒香味物质	0.1

6.麻辣火锅底料配方6

原料	生产配方/kg	原料	生产配方/kg
牛油	80	三奈	0.1

原料	生产配方/kg	原料	生产配方/kg
郫县豆瓣	40	木香	0.1
白扣	1.6	紫草	0.1
强化辣味香辛料	0.2	陈皮	0.1
小茴	0.2	甘草	1.2
食盐	16	香叶	0.07(70g)
白砂糖	3	八角	1
红花椒	2.5	辣椒	5
谷氨酸钠	2	醪糟	1.2
鲜味料	0.1	桂皮	0.1
生姜	3	草果	0.4
大蒜	5	泡辣椒	12
辣椒提取物(色泽)	0.2	红辣椒油	6
辣椒提取物(辣味)	0.5	辣椒香味物质	0.1

7.麻辣火锅底料配方7

原料	生产配方/kg	原料	生产配方/kg
牛油	80	辣椒提取物(色泽)	0.1
郫县豆瓣	40	辣椒提取物(辣味)	0.5
豆豉	10	复合香料	2.5
料酒	1	高汤专用鸡肉粉	4
食盐	14	肉宝王香料	0.2
腐乳	1	辣椒	36
红花椒	5	醪糟	1
谷氨酸钠	4	泡辣椒	0.8
鲜味料	0.2	红辣椒油	20
生姜	1	辣椒香味物质	0.1
大蒜	1		

8.麻辣火锅底料配方8

原料	生产配方/kg	原料	生产配方/kg
牛油	120	辣椒提取物（色泽）	0.1
郫县豆瓣	30	辣椒提取物（辣味）	0.2
豆豉	10	复合香料	4
料酒	10	高汤专用鸡肉粉	3
食盐	21	肉宝王香料	0.2
腐乳	10	辣椒	20
红花椒	6	醪糟	3
谷氨酸钠	4	泡辣椒	12
鲜味料	0.2	红辣椒油	2
生姜	3	辣椒香味物质	0.1
大蒜	5		

9.麻辣火锅底料配方9

原料	生产配方/kg	原料	生产配方/kg
牛油	40	辣椒提取物（色泽）	0.1
郫县豆瓣	10	辣椒提取物（辣味）	0.2
豆豉	3.3	复合香料	1.3
料酒	3.5	高汤专用鸡肉粉	1.1
食盐	7	肉宝王香料	0.12
腐乳	3.5	辣椒	5.7
红花椒	2	醪糟	1
谷氨酸钠	1.6	泡辣椒	4
鲜味料	0.08（80g）	红辣椒油	16.5
生姜	1	辣椒香味物质	0.1
大蒜	1.7		

10.麻辣火锅底料配方10

原料	生产配方/kg	原料	生产配方/kg
牛油	45	辣椒提取物（色泽）	0.2

续表

原料	生产配方/kg	原料	生产配方/kg
郫县豆瓣	18	辣椒提取物（辣味）	0.2
豆豉	5	复合香料	1.5
食盐	5	辣椒	4
红花椒	2	醪糟	1
谷氨酸钠	1	泡辣椒	0.5
鲜味料	2	红辣椒油	0.23
生姜	2	辣椒香味物质	0.1
大蒜	2		

11.麻辣火锅底料配方11

原料	生产配方/kg	原料	生产配方/kg
牛油	50	辣椒提取物（色泽）	0.1
郫县豆瓣	20	辣椒提取物（辣味）	0.3
豆豉	5.5	复合香料	1.8
食盐	5.2	辣椒	4.8
红花椒	2.3	醪糟	1.1
谷氨酸钠	2.1	泡辣椒	0.3
鲜味料	0.2	红辣椒油	0.2
生姜	2.2	辣椒香味物质	0.1
大蒜	2.5		

12.麻辣火锅底料配方12

原料	生产配方/kg	原料	生产配方/kg
牛油	50	大蒜	2.5
郫县豆瓣	20	辣椒提取物（色泽）	0.1
豆豉	5.5	辣椒提取物（辣味）	0.3
番茄酱	15	复合香料	1.8
肉宝王香料	0.2	辣椒	4.8
食盐	5.2	醪糟	1.1
红花椒	2.3	泡辣椒	0.3

原料	生产配方/kg	原料	生产配方/kg
谷氨酸钠	2.1	红辣椒油	0.2
鲜味料	0.2	辣椒香味物质	0.1
生姜	2.2		

13.麻辣火锅底料配方13

原料	生产配方/kg	原料	生产配方/kg
牛油	50	生姜	2.2
郫县豆瓣	20	大蒜	2.5
豆豉	5.5	辣椒提取物（色泽）	0.1
腐乳	2	辣椒提取物（辣味）	0.3
番茄酱	15	复合香料	1.8
薄荷香味提取物	0.2	辣椒	4.8
食盐	5.2	醪糟	1.1
红花椒	2.3	泡辣椒	0.3
谷氨酸钠	2.1	红辣椒油	0.2
鲜味料	0.2	辣椒香味物质	0.1

14.麻辣火锅底料配方14

原料	生产配方/kg	原料	生产配方/kg
牛油	50	生姜	2.2
郫县豆瓣	20	大蒜	2.5
豆豉	5.5	辣椒提取物（色泽）	0.1
烤香香蒜粉	1	辣椒提取物（辣味）	0.3
豉香香料	2	复合香料	1.8
清香花椒提取物	0.2	辣椒	4.8
食盐	5.2	醪糟	1.1
红花椒	2.3	泡辣椒	0.3
谷氨酸钠	2.1	红辣椒油	0.2
鲜味料	0.2	辣椒香味物质	0.1

15.麻辣火锅底料配方15

原料	生产配方/kg	原料	生产配方/kg
牛油	50	生姜	2.2
郫县豆瓣	20	大蒜	2.5
豆豉	5.5	辣椒提取物(色泽)	0.1
食盐	5.2	辣椒提取物(辣味)	0.3
烤香花生粉	2.6	复合香料	1.8
花生酱	0.8	辣椒	4.8
番茄酱	2.8	醪糟	1.1
芝麻酱	5.2	泡辣椒	0.3
红花椒	2.3	红辣椒油	0.2
谷氨酸钠	2.1	辣椒香味物质	0.1
鲜味料	0.2		

16.麻辣火锅底料配方16

原料	生产配方/kg	原料	生产配方/kg
牛油	50	鲜味料	0.2
郫县豆瓣	20	生姜	2.2
糊辣椒香味提取物	2.2	大蒜	2.5
腐乳提取物	0.2	辣椒提取物(色泽)	0.1
椒香提取物	0.6	辣椒提取物(辣味)	0.3
焦香提取物	0.2	复合香料	1.8
茅草提取物	0.2	辣椒	4.8
豆豉	5.5	醪糟	1.1
食盐	5.2	泡辣椒	0.3
红花椒	2.3	红辣椒油	0.2
谷氨酸钠	2.1	辣椒香味物质	0.1

九、麻辣无渣火锅底料配方

1.麻辣无渣火锅底料配方1

原料	生产配方/kg	原料	生产配方/kg
胡椒香提取物	1	复合香辛料	3
浓香鸡油	2.2	生姜	2.8
烤香香料	3.2	大蒜	35
食用油	800	青花椒	36
郫县豆瓣	90	花椒提取物	45
豆豉	28	辣椒提取物	2
红花椒	15	脂香强化香料	1
辣椒	25	辣味香料	1.5
八角	12		

过滤以上制好的底料即得无渣底料。

2.麻辣无渣火锅底料配方2

原料	生产配方/kg	原料	生产配方/kg
胡椒香提取物	1	辣椒	25
陈皮	1.2	八角	12
香叶	1.8	复合香辛料	3
老寇	0.6	生姜	2.8
浓香鸡油	2.2	大蒜	35
烤香香料	3.2	青花椒	36
食用油	800	花椒提取物	45
郫县豆瓣	90	辣椒提取物	2
豆豉	28	脂香强化香料	1
红花椒	15	辣味香料	1.5

过滤以上制好的底料即得无渣底料。

十、四川冒菜底料配方

1.四川冒菜底料配方1

原料	生产配方/kg	原料	生产配方/kg
牛油	850	桂皮	30
菜籽油	1200	草果	70
郫县豆瓣	800	紫草	1.580
辣椒	300	香叶	5
生姜	500	香草	5
大蒜	500	食盐	60
白砂糖	200	谷氨酸钠	300
花椒	100	缓释肉粉	200
八角	40	茴香	8
三奈	20	天然增香调味料	2
丁香	3		

2.四川冒菜底料配方2

原料	生产配方/kg	原料	生产配方/kg
牛油	8.5	桂皮	0.7
菜籽油	13	草果	0.8
郫县豆瓣	8	紫草	0.05(50g)
辣椒	3	香叶	0.06(60g)
生姜	3	香草	0.6
大蒜	2	食盐	3
白砂糖	2	谷氨酸钠	2
花椒	1	缓释肉粉	1.2
八角	0.4	茴香	0.08(80g)
三奈	0.2	天然增香调味料	0.03(30g)
丁香	0.3		

十一、重庆麻辣烫底料配方

原料	生产配方/kg	原料	生产配方/kg
牛油	15	桂皮	0.7
菜籽油	5	草果	0.8
郫县豆瓣	8	紫草	0.05(50g)
辣椒	3	香叶	0.06(60g)
生姜	3	香草	0.6
大蒜	2	食盐	3
白砂糖	2	谷氨酸钠	2
花椒	1	缓释肉粉	1.2
八角	0.4	茴香	0.08(80g)
三奈	0.2	天然增香调味料	1.2
丁香	0.3		

第八十二节　辣味快餐汤料生产技术

一、麻辣露配方

1.麻辣露配方1

原料	生产配方/kg	原料	生产配方/kg
酱香原料	1	黄原胶	1
酱油	140	谷氨酸钠	10
醋	70	I + G	0.5
水	200	乙基麦芽酚	0.2
食盐	20	辣椒提取物(香味)	0.1
辣椒提取物(辣味)	0.5	风味豆豉香料	0.5
白砂糖	30	辣椒提取物(色泽)	2

2.麻辣露配方2

原料	生产配方/kg	原料	生产配方/kg
浓豆鲜酱香料	1.2	谷氨酸钠	2
酱油	80	I+G	0.1
醋	10	乙基麦芽酚	0.1
青花椒香味物质	2	辣椒提取物(香味)	0.1
食盐	4	风味豆豉香料	0.1
辣椒提取物(辣味)	0.6	辣椒提取物(口感)	2.8
白砂糖	6	辣椒提取物(色泽)	3.5
黄原胶	0.2	辣椒香味物质	0.1

二、麻辣精膏配方

1.麻辣精膏配方1

原料	生产配方/kg	原料	生产配方/kg
复合氨基酸味香精	32.5	麻辣风味香辛料	0.5
辣椒提取物(辣味与口感)	0.8	黄原胶	0.1
青花椒麻味物质	0.1	酱油	27
辣椒香味物质	0.3	水	12

2.麻辣精膏配方2

原料	生产配方/kg	原料	生产配方/kg
清香型鸡肉膏	27.7	黄原胶	0.2
辣椒提取物(辣味与口感)	0.7	酱油	3
青花椒麻味物质	0.1	水	35
辣椒香味物质	0.3	天然增香调味料	0.2
麻辣风味香辛料	0.2	天然增鲜调味料	0.8

3.麻辣精膏配方 3

原料	生产配方/kg	原料	生产配方/kg
强化厚味膏	7	黄原胶	0.1
清香型鸡肉膏	28	酱油	3
辣椒提取物 （辣味与口感）	1.0	水	10
清香红花椒提取物质	1.1	天然增香调味料	0.1
辣椒香味物质	1.2	天然增鲜调味料	0.2
麻辣风味香辛料	0.1		

三、快餐调味酱配方

原料	生产配方/kg	原料	生产配方/kg
食盐	11	食用油	300
猪肉	183	鲜味料	20
生姜	170	黑胡椒粉	10
大蒜	120	八角粉	10
辣椒	20	花椒粉	2
牛油	300	辣椒香味物质	0.05（50g）

用于快餐调配专用，方便快捷美味的选择。

四、快餐凉拌菜配方

1.快餐凉拌菜配方 1

原料	生产配方/kg	原料	生产配方/kg
菜	250	白砂糖	1.2
食盐	4	油辣椒	29
谷氨酸钠	6	辣椒提取物（辣味）	1.6
缓释肉粉	1	脂香鸡油香味料	0.3
I + G	0.3	辣椒香味物质	0.1

2.快餐凉拌菜配方2

原料	生产配方/kg	原料	生产配方/kg
菜	1500	复合香辛料	60
食盐	53	辣椒提取物(辣味)	2.1
辣椒提取物(色泽)	0.1	炒香豌豆粉	20
谷氨酸钠	30	辣椒香味物质	0.1
I+G	1.5	强化厚味香料	0.3
辣椒粉	15	强化辣味香料	7
白砂糖	3	增味配料	0.2
柠檬酸	1.5		

3.快餐凉拌菜配方3

原料	生产配方/kg	原料	生产配方/kg
菜	1500	白砂糖	3
薄荷香味物质	1	柠檬酸	1.5
天然增鲜调味料	0.2	复合香辛料	60
天然增香调味料	0.9	辣椒提取物(辣味)	2.1
食盐	53	炒香豌豆粉	20
辣椒提取物(色泽)	0.1	辣椒香味物质	0.1
谷氨酸钠	30	强化厚味香料	0.3
I+G	1.5	强化辣味香料	7
辣椒粉	15	增味剂	0.2

4.快餐夫妻肺片凉拌菜配方

原料	生产配方/kg	原料	生产配方/kg
肺片	1000	白砂糖	30
食盐	35	谷氨酸钠	12
缓释肉粉	5	炒黄豆粉	20
辣椒油	80	炒花生颗粒粉	20
I+G	0.6	鸡肉香料	0.1
乙基麦芽酚	0.5	天然增香调味料	0.5
辣椒提取物(辣味)	3	天然增鲜调味料	0.6

五、快餐面食调味料配方

1.麻辣牛肉味配方

原料	生产配方/kg	原料	生产配方/kg
食用油	85	谷氨酸钠	15
牛油	15	I + G	0.7
辣椒粉	24	花椒粉	5
食盐	55	热反应牛肉粉	8
酱油	10	五香粉	2
料酒	15	天然增鲜调味料	1
白芝麻	3	天然增香调味料	2
郫县豆瓣	40		

　　每份 28 克即可,添加 400～500 毫升汤或者开水,面食为 150～250 克,每人一份。

2.酸辣味配方1

原料	生产配方/kg	原料	生产配方/kg
菜籽油	188	谷氨酸钠	13
葱	8	I + G	0.6
生姜	14	姜粉	2
辣椒粉	26	强化辣味香辛料	2
花椒粉	8.8	强化回味水解蛋白	9
脱皮白芝麻	6	白砂糖	2
醋	12	天然增鲜调味料	1
乙基麦芽酚	0.2	天然增香调味料	2
食盐	79		

　　每份 42 克即可,添加 400～500 毫升汤或者开水,面食为 150～250 克,每人一份。

3.酸辣味配方 2

原料	生产配方/kg	原料	生产配方/kg
菜籽油	1700	谷氨酸钠	160
葱	80	I+G	8
生姜	140	姜粉	10
辣椒粉	250	强化辣味香辛料	20
花椒粉	80	强化回味水解蛋白	30
脱皮白芝麻	40	白砂糖	50
醋	1400	天然增鲜调味料	3
乙基麦芽酚	1.2	天然增香调味料	2
食盐	790		

每份 40 克即可,添加 400～500 毫升汤或者开水,面食为 150～250 克,每人一份。

4.香菇鸡味配方

原料	生产配方/kg	原料	生产配方/kg
食用油	88	白砂糖	4
鸡油	15	谷氨酸钠	20
香菇	67	I+G	1
鸡肉	69	姜粉	0.2
白胡椒粉	6.8	热反应鸡肉粉	1
生姜	8	鸡肉香料	0.005(5g)
大葱	9	天然增鲜调味料	2
食盐	55	天然增香调味料	2

每份 25 克即可,添加 400～500 毫升汤或者开水,面食为 150～250 克,每人一份。

5.酸菜牛肉味配方

原料	生产配方/kg	原料	生产配方/kg
食用油	180	I+G	1.8
牛油	100	白砂糖	4

续表

原料	生产配方/kg	原料	生产配方/kg
泡姜	65	姜粉	1.8
泡辣椒	91	蒜粉	3.5
野山椒	93	骨素	9
泡菜	170	辣椒提取物（辣味）	3.5
白胡椒粉	2	水解植物蛋白粉	9
乳酸	3	牛肉	260
食盐	84	热反应牛肉粉	9
谷氨酸钠	35		

每份 32 克即可, 添加 400 ~ 500 毫升汤或者开水, 面食为 150 ~ 250 克, 每人一份。

6.酸菜牛肉味配方 1

原料	生产配方/kg	原料	生产配方/kg
食用油	80	I + G	1
牛油	80	白砂糖	2
泡姜	37	姜粉	1
泡辣椒	52	蒜粉	2
野山椒	50	骨素	5
泡菜	98	辣椒提取物（辣味）	2
白胡椒粉	4	水解植物蛋白粉	5
乳酸	7	牛肉	180
食盐	46	热反应牛肉粉	9
谷氨酸钠	20		

每份 29 克即可, 添加 400 ~ 500 毫升汤或者开水, 面食为 150 ~ 250 克, 每人一份。

7.酸菜牛肉味配方 2

原料	生产配方/kg	原料	生产配方/kg
食用油	580	I + G	3.5
牛油	30	白砂糖	7

续表

原料	生产配方/kg	原料	生产配方/kg
泡姜	133	姜粉	3.5
泡辣椒	180	蒜粉	7
野山椒	175	骨素	4
泡菜	380	辣椒提取物（辣味）	8
白胡椒粉	3.5	水解植物蛋白粉	20
乳酸	25	牛肉	550
食盐	170	热反应牛肉粉	22
谷氨酸钠	70		

每份 28 克即可,添加 400～500 毫升汤或者开水,面食为 150～250 克,每人一份。

8.香辣排骨味配方 1

原料	生产配方/kg	原料	生产配方/kg
食用油	150	郫县豆瓣	100
猪油	100	辣椒提取物（口感）	5
辣椒粉	60	谷氨酸钠	38
食盐	135	I＋G	1.9
酱油	25	花椒粉	12.5
青花椒麻味物质	2.8	热反应鸡肉粉	20
猪肉	500	天然增香调味料	0.4
料酒	30	五香粉	5
白芝麻	7.5	天然增鲜调味料	2

每份 33 克即可,添加 400～500 毫升汤或者开水,面食为 150～250 克,每人一份。

9.香辣排骨味配方 2

原料	生产配方/kg	原料	生产配方/kg
食用油	100	郫县豆瓣	40
猪油	20	辣椒提取物（口感）	2
辣椒粉	24	谷氨酸钠	16

续表

原料	生产配方/kg	原料	生产配方/kg
食盐	55	I + G	0.8
酱油	10	花椒粉	5
青花椒麻味物质	1.5	热反应鸡肉粉	8
猪肉	200	天然增香调味料	0.2
料酒	12	五香粉	2
白芝麻	3	天然增鲜调味料	2

　　每份29克即可,添加400～500毫升汤或者开水,面食为150～250克,每人一份。

10.香辣排骨味配方3

原料	生产配方/kg	原料	生产配方/kg
食用油	200	郫县豆瓣	200
猪油	300	辣椒提取物(口感)	10
辣椒粉	130	谷氨酸钠	75
食盐	270	I + G	3.7
酱油	50	花椒粉	25
青花椒麻味物质	5	热反应鸡肉粉	40
猪肉	1000	天然增香调味料	0.7
料酒	60	五香粉	10
白芝麻	15	天然增鲜调味料	6

　　每份27克即可,添加400～500毫升汤或者开水,面食为150～250克,每人一份。

11.炸酱味配方1

原料	生产配方/kg	原料	生产配方/kg
猪油	400	白砂糖	16
榨菜	120	花椒粉	12
郫县豆瓣	120	胡椒粉	6
辣椒粉	100	骨素	10
食盐	240	热反应鸡肉粉	8

续表

原料	生产配方/kg	原料	生产配方/kg
五香粉	0.4	缓释肉粉	8
谷氨酸钠	56	天然增鲜调味料	2
I+G	2.8		

每份31克即可,添加400~500毫升汤或者开水,面食为150~250克,每人一份。

12.炸酱味配方2

原料	生产配方/kg	原料	生产配方/kg
猪油	400	白砂糖	16
榨菜	200	花椒粉	12
郫县豆瓣	60	胡椒粉	6
辣椒粉	80	骨素	10
食盐	180	热反应鸡肉粉	8
五香粉	0.4	缓释肉粉	8
谷氨酸钠	56	天然增鲜调味料	8
I+G	2.8		

每份28克即可,添加400~500毫升汤或者开水,面食为150~250克,每人一份。

13.炸酱味配方3

原料	生产配方/kg	原料	生产配方/kg
猪油	100	白砂糖	3
榨菜	25	花椒粉	1.5
郫县豆瓣	25	胡椒粉	2.5
辣椒粉	60	骨素	2
食盐	0.1	热反应鸡肉粉	2
五香粉	14	缓释肉粉	2
谷氨酸钠	0.7	天然增鲜调味料	2
I+G	4		

每份 30 克即可,添加 400～500 毫升汤或者开水,面食为 150～250 克,每人一份。

14.红烧牛肉面味配方

原料	生产配方/kg	原料	生产配方/kg
郫县豆瓣	400	鲜味料	200
洋葱	300	白砂糖	50
牛油	800	花椒粉	30
生姜	80	烤香牛肉香料	0.1
大蒜	80	增香剂	2
辣椒粉	200	八角粉	12
食用油	600	小茴粉	15
食盐	80	热反应牛肉粉	200

每份面食直接添加 28 克调味料、400 毫升开水即可食用。

15.香辣牛肉味配方 1

原料	生产配方/kg	原料	生产配方/kg
牛肉香料	1	谷氨酸钠	100
郫县豆瓣	250	I + G	5
洋葱	100	白砂糖	25
牛油	100	热反应牛肉粉	130
食用油	100	黑胡椒粉	10
生姜	20	牛肉	300
大蒜	40	天然增鲜调味料	2
辣椒粉	100		

每份 28 克即可,添加 400～500 毫升汤或者开水,面食为 150～250 克,每人一份。

16.香辣牛肉味配方 2

原料	生产配方/kg	原料	生产配方/kg
牛肉香料	0.1	谷氨酸钠	100
郫县豆瓣	350	I + G	5

原料	生产配方/kg	原料	生产配方/kg
洋葱	100	白砂糖	25
牛油	250	热反应牛肉粉	130
食用油	50	黑胡椒粉	10
生姜	20	牛肉	300
大蒜	40	天然增鲜调味料	2
辣椒粉	100		

每份 32 克即可,添加 400~500 毫升汤或者开水,面食为 150~250 克,每人一份。

17.香辣牛肉味配方3

原料	生产配方/kg	原料	生产配方/kg
牛肉香料	0.5	谷氨酸钠	220
郫县豆瓣	500	I + G	400
洋葱	200	白砂糖	200
牛油	200	热反应牛肉粉	50
食用油	200	黑胡椒粉	80
生姜	40	牛肉	20
大蒜	80	天然增鲜调味料	2.9
辣椒粉	220		

每份 30 克即可,添加 400~500 毫升汤或者开水,面食为 150~250 克,每人一份。

六、麻辣烧烤料配方

原料	生产配方/kg	原料	生产配方/kg
热反应鸡肉粉	30	缓释肉粉	10
食盐	80	甜味香辛料	0.2
谷氨酸钠	10	青花椒香味提取物	0.05(50g)
I + G	0.5	猪排清香肉味香料	0.05(50g)
辣椒粉	50	脱皮白芝麻	10

原料	生产配方/kg	原料	生产配方/kg
花椒粉	20	辣椒提取物（色泽）	1.5
水解植物蛋白粉	70		

烧烤专用复合调味料，专用于烧烤使用。

七、麻辣蒸肉米粉配方

原料	生产配方/kg	原料	生产配方/kg
食盐	4	小茴	0.2
大米碎粒	81	桂皮	0.2
花生碎粒	5	辣椒香味物质	0.1
辣椒粉	4	谷氨酸钠	2
脱皮白芝麻	3	I＋G	0.1
花椒粉	0.3	缓释肉粉	0.2
八角	0.2	辣椒提取物（色泽）	0.1

专用于蒸肉、排骨、香肠等。

八、炖汤专用强化配料配方

1.炖汤专用强化配料配方1

原料	生产配方/kg	原料	生产配方/kg
葡萄糖	28.5	柠檬酸	1.2
谷氨酸钠	4	山椒提取物	0.1
I＋G	0.2	鸡油香味原料	2.3
缓释肉粉	0.4	乳酸	0.9
乙基麦芽酚	0.1	苹果酸	1.1
辣椒提取物（辣味）	0.7		

2.炖汤专用强化配料配方2

原料	生产配方/kg	原料	生产配方/kg
食盐	10	辣椒提取物(辣味)	0.7
葡萄糖	18.5	柠檬酸	1.2
谷氨酸钠	4	山椒提取物	0.1
I+G	0.2	鸡油香味原料	2.3
缓释肉粉	0.4	乳酸	0.9
乙基麦芽酚	0.1	苹果酸	1.1

3.炖汤专用强化配料配方3

原料	生产配方/kg	原料	生产配方/kg
葡萄糖	75	柠檬酸	3.6
谷氨酸钠	22	山椒提取物	0.05(50g)
I+G	1.1	鸡油香味原料	6.9
缓释肉粉	1.2	乳酸	3
乙基麦芽酚	0.3	苹果酸	6
辣椒提取物(辣味)	2.1		

4.炖汤专用强化配料配方4

原料	生产配方/kg	原料	生产配方/kg
葡萄糖	65	柠檬酸	4
谷氨酸钠	32	山椒提取物	0.05(50g)
I+G	1.6	鸡油香味原料	7
缓释肉粉	1.2	乳酸	3
乙基麦芽酚	0.3	苹果酸	4
辣椒提取物(辣味)	4.1		

以上4种配方适合于兔肉、鸡肉、鸭肉等产品中强化厚味的应用。

九、快餐底汤调料配方

原料	生产配方/kg	原料	生产配方/kg
陈皮	0.4	八角粉	3
烤香牛肉香料	0.2	小茴粉	0.3
醇香牛肉香料	0.2	甜味香辛料	0.4
食盐	25	强化辣味香辛料	2
辣椒提取物（色泽）	0.06(60g)	玉米粉	62
谷氨酸钠	8	椒香香料	0.2
I+G	0.4	乙基麦芽酚	0.04(40g)
辣椒粉	5	强化厚味香料	1.3

直接兑开水即成为面食调味专用汤。

十、面食汤料配方

1.面食汤料配方1

原料	生产配方/kg	原料	生产配方/kg
水	1500	I+G	9
食盐	600	热反应牛肉粉	350
纯正牛油	600	天然增香调味料	20
浓香猪油	300	缓释肉粉	40
猪骨提取物	160	天然增鲜调味料	20
精制骨素	60	强化回味香料	15
谷氨酸钠	180	强化辣味香料	18

直接兑开水即成为面食调味专用汤。

2.面食汤料配方2

原料	生产配方/kg	原料	生产配方/kg
水	100	高汤调味料	15
食盐	60	强化厚味香料	10

原料	生产配方/kg	原料	生产配方/kg
浓香鸡油	45	鲜味料	20
猪油	30	热反应鸡肉粉	40

直接兑开水即成为面食调味专用汤。

十一、餐饮专用底汤配料配方

1.餐饮专用底汤配料配方1

原料	生产配方/kg	原料	生产配方/kg
食盐	185	骨素	3
谷氨酸钠	40	乙基麦芽酚	1
缓释肉粉	5	专用甜味香辛料	0.5
热反应鸡肉粉	4	I+G	2

每30克兑汤底1400克,适用于所有餐饮综合配料。

2.餐饮专用底汤配料配方2

原料	生产配方/kg	原料	生产配方/kg
食盐	143	骨素	1.5
谷氨酸钠	30	乙基麦芽酚	0.5
缓释肉粉	5	专用甜味香辛料	0.25
热反应鸡肉粉	7	I+G	1.5

每40克兑汤底1400克,适用于所有餐饮综合配料。

3.餐饮专用底汤配料配方3

原料	生产配方/kg	原料	生产配方/kg
食盐	30	骨素	4
谷氨酸钠	40	乙基麦芽酚	1
缓释肉粉	8	专用甜味香辛料	1
热反应鸡肉粉	14	I+G	2

适用于所有餐饮综合配料。

第八十三节 麻辣鲜等粉状调料生产技术

一、麻辣鲜粉状调料配方

原料	生产配方/kg	原料	生产配方/kg
食盐	25	陈皮粉	0.4
辣椒提取物（色泽）	0.4	八角粉	0.3
谷氨酸钠	8	小茴粉	0.4
I+G	0.4	甘草粉	2
复合香辛料	0.2	麻辣专用香辛料	2
辣椒粉	5	玉米粉	62
白胡椒粉	0.2	强化厚味香料	0.3

二、麻辣肉味王粉状调料配方

1.麻辣肉味王粉状调料配方1

原料	生产配方/kg	原料	生产配方/kg
食盐	30	八角粉	1
辣椒提取物（色泽）	0.2	小茴粉	2
谷氨酸钠	10	甘草粉	3
I+G	0.5	牛肉香味香辛料	0.1
复合香辛料	0.2	玉米粉	51
辣椒粉	2	柠檬酸	0.2

2.麻辣肉味王粉状调料配方2

原料	生产配方/kg	原料	生产配方/kg
八角香味粉	3	辣椒粉	2
桂皮粉	1.7	八角粉	1
丁香粉	0.3	小茴粉	2

原料	生产配方/kg	原料	生产配方/kg
食盐	30	甘草粉	3
辣椒提取物（色泽）	0.2	牛肉香味香辛料提取物	0.1
谷氨酸钠	10	玉米粉	51
I + G	0.5	柠檬酸	0.2
复合香辛料	0.2		

三、麻辣鸡味粉状调料配方

原料	生产配方/kg	原料	生产配方/kg
食盐	25	陈皮粉	0.4
辣椒提取物（色泽）	0.4	八角粉	0.3
谷氨酸钠	8	小茴粉	0.4
I + G	0.4	甘草粉	2
复合香辛料	0.2	麻辣专用香辛料	2
辣椒粉	5	玉米粉	62
白胡椒粉	0.2		

四、凉拌菜调料配方

原料	生产配方/kg	原料	生产配方/kg
食盐	30	甜味香辛料	3
辣椒提取物（色泽）	0.05（50g）	牛肉味香辛料提取物	0.1
谷氨酸钠	10	玉米粉	51
I + G	0.5	乙基麦芽酚	0.05（50g）
辣椒粉	2	强化厚味香料	1.2
八角粉	1	增香香料	0.2
小茴粉	2	增味配料	0.2

第八十四节　麻辣休闲膨化食品调味料生产技术

一、麻辣膨化调味粉基料配方

1.麻辣膨化调味粉基料配方1

原料	生产配方/kg	原料	生产配方/kg
食盐	10	热反应鸡肉粉	20
谷氨酸钠	10	玉米淀粉	44
I+G	0.5	缓释肉粉	5
白砂糖	10	水解植物蛋白粉	1

2.麻辣膨化调味粉基料配方2

原料	生产配方/kg	原料	生产配方/kg
食盐	10	辣椒粉	10
谷氨酸钠	6	缓释释放风味肉粉	5
I+G	0.3	水解植物蛋白粉	5
白砂糖	8	淀粉	54
纯鸡肉粉	2	辣椒提取物(香味)	0.1

3.麻辣膨化调味粉基料配方3

原料	生产配方/kg	原料	生产配方/kg
食盐	10	辣椒粉	10
谷氨酸钠	7	缓释肉粉	5
I+G	0.3	淀粉	48
白砂糖	8	辣椒提取物(色泽)	1
热反应鸡肉粉	10	辣椒提取物(辣味)	1

二、麻辣烧烤味膨化调味粉配方

1.麻辣烧烤味膨化调味粉配方1

原料	生产配方/kg	原料	生产配方/kg
食盐	83	缓释肉粉	1
谷氨酸钠	20	葡萄糖	30
I + G	1	辣椒提取物（辣味）	2
鸡肉粉	1	麦芽糊精	40
辣椒粉	30	孜然提取物	2

2.麻辣烧烤味膨化调味粉配方2

原料	生产配方/kg	原料	生产配方/kg
烤香孜然提取物	0.5	辣椒粉	30
烤蒜香提取物	2.5	缓释肉粉	1
食盐	83	葡萄糖	30
谷氨酸钠	20	辣椒提取物（辣味）	2
I + G	1	麦芽糊精	40
鸡肉粉	1	孜然提取物	2

3.麻辣烧烤味膨化调味粉配方3

原料	生产配方/kg	原料	生产配方/kg
清香花椒提取物	2	辣椒粉	30
烤香辣椒提取物	2	缓释肉粉	1
食盐	83	葡萄糖	30
谷氨酸钠	20	辣椒提取物（辣味）	2
I + G	1	麦芽糊精	40
鸡肉粉	1	孜然提取物	2

三、麻辣鸡翅味膨化调味粉配方

1.麻辣鸡翅味膨化调味粉配方1

原料	生产配方/kg	原料	生产配方/kg
食盐	81	辣椒提取物（辣味）	1
谷氨酸钠	21	甜味配料	1
I＋G	1	辣椒香味物质	1
鸡肉粉	10	青花椒香味物质	1
辣椒粉	10	辣椒提取物（口感）	1
缓释肉粉	0.3	干燥专用贴配料	适量
葡萄糖	40	天然增鲜调味料	2

2.麻辣鸡翅味膨化调味粉配方2

原料	生产配方/kg	原料	生产配方/kg
食盐	81	辣椒提取物（辣味）	1
清香青花椒提取物	2	甜味配料	1
谷氨酸钠	21	辣椒香味物质	1
I＋G	1	青花椒香味物质	1
鸡肉粉	10	辣椒提取物（口感）	1
辣椒粉	10	干燥剂	适量
缓释肉粉	0.3	天然增鲜调味料	2
葡萄糖	40		

3.麻辣鸡翅味膨化调味粉配方3

原料	生产配方/kg	原料	生产配方/kg
食盐	81	葡萄糖	40
谷氨酸钠	21	辣椒提取物（辣味）	1
增香香料	1.2	甜味配料	1
烤香花椒提取物	2.2	辣椒香味物质	1
I＋G	1	青花椒香味物质	1

续表

原料	生产配方/kg	原料	生产配方/kg
鸡肉粉	10	辣椒提取物（口感）	1
辣椒粉	10	干燥专用配料	适量
缓释肉粉	0.3	天然增鲜调味料	2

4.麻辣鸡翅味膨化调味粉配方4

原料	生产配方/kg	原料	生产配方/kg
食盐	80	辣椒提取物（辣味）	2.5
谷氨酸钠	20	甜味配料	1
I+G	1	辣椒提取物（口感）	1
鸡肉粉	10	麻辣专用香料	0.5
辣椒粉	0.1	花椒粉	3
缓释肉粉	0.1	干燥专用配料	适量
葡萄糖	40	辣椒提取物	1.6

四、麻辣牛肉味膨化调味粉配方

1.麻辣牛肉味膨化调味粉配方1

原料	生产配方/kg	原料	生产配方/kg
食盐	82	增香香料	0.1
谷氨酸钠	21	甜味配料	1
I+G	1	牛肉香味提取物	0.5
热反应牛肉粉	12	麦芽糊精	40
辣椒粉	32	辣椒提取物（口感）	0.2
缓释肉粉	0.5	干燥专用配料	适量
葡萄糖	50	天然增鲜调味料	0.3

2.麻辣牛肉味膨化调味粉配方2

原料	生产配方/kg	原料	生产配方/kg
牛肉香味香辛料提取物	0.5	葡萄糖	50

原料	生产配方/kg	原料	生产配方/kg
强化辣味香辛料	12	增香香料	0.1
食盐	82	甜味配料	1
谷氨酸钠	21	牛肉香味提取物	0.5
I+G	1	麦芽糊精	40
热反应牛肉粉	12	辣椒提取物（口感）	0.2
辣椒粉	32	干燥专用配料	适量
缓释肉粉	0.5	天然增鲜调味料	0.3

3.麻辣牛肉味膨化调味粉配方3

原料	生产配方/kg	原料	生产配方/kg
食盐	82	葡萄糖	50
薄荷香味提取物	2	增香香料	0.1
烧烤牛排香味物质	2	甜味配料	1
谷氨酸钠	21	牛肉香味提取物	0.5
I+G	1	麦芽糊精	40
热反应牛肉粉	12	辣椒提取物（口感）	0.2
辣椒粉	32	干燥专用配料	适量
缓释肉粉	0.5	天然增鲜调味料	0.3

五、蒜香麻辣膨化调味料粉配方

1.蒜香麻辣膨化调味料粉配方1

原料	生产配方/kg	原料	生产配方/kg
食盐	80	热反应鸡肉粉	1
谷氨酸钠	20	甜味配料	1
I+G	1	大蒜粉	20
增香粉	0.2	麦芽糊精	50
蒜香粉	10	大蒜香味物质	1
缓释肉粉	5	干燥专用配料	适量

续表

原料	生产配方/kg	原料	生产配方/kg
葡萄糖	50	天然增鲜调味料	2

2.蒜香麻辣膨化调味料粉配方2

原料	生产配方/kg	原料	生产配方/kg
食盐	80	热反应鸡肉粉	1
谷氨酸钠	20	甜味配料	1
I+G	1	大蒜粉	20
增香粉	0.2	麦芽糊精	50
烤蒜香粉	10	烤香大蒜香味物质	1
缓释肉粉	5	干燥专用配料	适量
葡萄糖	50	天然增鲜调味料	2

第八十五节　麻辣锅巴生产技术

一、麻辣锅巴配方

1.麻辣锅巴配方1

原料	生产配方/kg	原料	生产配方/kg
锅巴	100	辣椒提取物(辣味)	0.2
花椒粉	0.2	黑胡椒粉	0.2
缓释肉粉	0.1	辣椒提取物(口感)	0.1
辣椒粉	0.8	乙基麦芽酚	0.05(50g)
鲜味料	0.4	食用油	1.2
食盐	1.3	天然辣椒香味物质	0.05(50g)

2.麻辣锅巴配方2

原料	生产配方/kg	原料	生产配方/kg
锅巴	1000	食盐	13

续表

原料	生产配方/kg	原料	生产配方/kg
花椒粉	4	辣味强化香辛料	2
热反应鸡肉粉	1	乙基麦芽酚	0.2
辣椒粉	8	麻辣专用香料	8

3.麻辣锅巴配方3

原料	生产配方/kg	原料	生产配方/kg
食盐	80	热反应鸡肉粉	10
谷氨酸钠	20	甜味配料	1
I+G	1	青花椒提取物	0.5
辣椒粉	60	麦芽糊精	30
花椒粉	20	辣椒香味物质	0.5
缓释肉粉	10	干燥专用配料	适量
葡萄糖	30	天然增鲜调味料	0.5

4.麻辣锅巴配方4

原料	生产配方/kg	原料	生产配方/kg
强化辣味香辛料	2	葡萄糖	30
麻辣风味香辛料	2	热反应鸡肉粉	10
食盐	80	甜味配料	1
谷氨酸钠	20	青花椒提取物	0.5
I+G	1	麦芽糊精	30
辣椒粉	60	辣椒香味物质	0.5
花椒粉	20	干燥专用配料	适量
缓释肉粉	10	天然增鲜调味料	0.5

5.麻辣锅巴配方5

原料	生产配方/kg	原料	生产配方/kg
烤香牛肉香料	0.35	葡萄糖	30
强化辣味香辛料	2	热反应牛肉粉	10

续表

原料	生产配方/kg	原料	生产配方/kg
麻辣风味香辛料	2	甜味配料	1
食盐	80	青花椒提取物	0.5
谷氨酸钠	20	麦芽糊精	30
I+G	1	辣椒香味物质	0.5
辣椒粉	60	干燥专用配料	适量
花椒粉	20	天然增鲜调味料	0.5
缓释肉粉	10		

6.麻辣锅巴配方6

原料	生产配方/kg	原料	生产配方/kg
油炸好的锅巴	220	辣椒提取物(辣味)	0.2
谷氨酸钠	4	辣椒丝	8
食盐	2.1	花椒	2
天然甜味香辛料	0.05(50g)	辣椒提取物(色泽)	0.05(50g)
缓释肉粉	0.5	天然增鲜调味料	0.1
辣椒香味物质	0.1	天然增香调味料	0.2

该配方的特点在于辣椒和花椒可以直接吃而没有明显的辣味和麻味,锅巴则具有明显的麻辣味。

7.麻辣锅巴配方7

原料	生产配方/kg	原料	生产配方/kg
天然香辛料提取物	0.05(50g)	辣椒提取物(辣味)	0.2
天然甜味香辛料	0.05(50g)	黑胡椒粉	0.2
花椒粉	0.2	辣椒提取物(口感)	0.1
缓释肉粉	0.1	乙基麦芽酚	0.05(50g)
辣椒粉	0.8	食用油	1.2
鲜味料	0.4	天然辣椒香味物质	0.06(60g)
食盐	1.3	锅巴	100

二、烧烤麻辣锅巴配方

原料	生产配方/kg	原料	生产配方/kg
孜然提取物	0.1	辣椒提取物(辣味)	0.2
牛肉香料	0.06(60g)	黑胡椒粉	0.2
天然甜味香辛料	0.1	辣椒提取物(口感)	0.1
花椒粉	0.05(50g)	乙基麦芽酚	0.06(60g)
缓释肉粉	0.4	食用油	1.3
辣椒粉	0.5	天然辣椒香味物质	0.1
鲜味料	0.4	锅巴	100
食盐	1		

三、麻辣鸡肉锅巴配方

原料	生产配方/kg	原料	生产配方/kg
鸡油香料	0.2	辣椒提取物(辣味)	0.2
天然甜味香辛料	0.2	黑胡椒粉	0.2
花椒粉	0.2	辣椒提取物(口感)	0.05(50g)
缓释肉粉	0.4	乙基麦芽酚	0.05(50g)
辣椒粉	0.6	食用油	1
鲜味料	1	天然辣椒香味物质	0.06(60g)
食盐	1	锅巴	100

第八十六节 红烧牛肉面生产技术

一、红烧牛肉面酱料配方

原料	生产配方/kg	原料	生产配方/kg
食用油	8	酱油	2.2

续表

原料	生产配方/kg	原料	生产配方/kg
精炼牛油	2	黄酒	0.6
郫县豆瓣	3	二荆条辣椒粉	1
大红袍花椒粉	0.1	五香粉(复配专用)	0.3
宜宾芽菜	0.2	红烧牛肉膏	1
红葱香料	1	卤制牛肉	18
牛肉	1	增香配料	0.05(50g)
食盐	0.2		

每份湿面(200克)使用35~40克即可。主要肉味及其特征风味来源(红烧牛肉香料、烤牛肉香料、红葱香料)的品质相当关键,这也是一些红烧牛肉风味的酱料质量差别的原因之一。

二、红烧牛肉面粉料配方

原料	生产配方/kg	原料	生产配方/kg
食盐	3.6	八角粉	0.3
谷氨酸钠	0.6	热反应类牛肉粉	0.3
白砂糖	1.6	食品专用干燥配料	0.1
I+G	0.03(30g)	秘制香辛料	0.2

每份湿面(200克)使用3~6克即可。主要肉味风味来源于热反应牛肉粉。

第八十七节　酸辣粉生产技术

一、酸辣油配方

原料	生产配方/kg	原料	生产配方/kg
精炼菜籽油	70	1%油溶辣椒精	0.05(50g)
老姜	6	辣椒红色素	0.1
红葱	10	乙基麦芽酚	0.005(5g)

续表

原料	生产配方/kg	原料	生产配方/kg
脱皮白芝麻	0.6	花椒油树脂	0.005(5g)
辣椒粉 (子弹头：二荆条： 朝天椒=1:3:3)	12	辣椒籽油	0.04(40g)
汉源大红袍花椒粉	1	香葱香料	0.05(50g)
抗氧化食品配料	0.01(10g)	缓释肉粉	0.2

　　每200克红薯粉条使用18克即可。主要肉味及其特征风味来源（辣椒籽油、香葱香料、红葱、牛肉膏）的品质相当关键。

二、酸辣醋配方

原料	生产配方/kg	原料	生产配方/kg
食醋(5.0)	97	增香配料	1
食用醋酸	1	香醋香精	1

　　每200克红薯粉使用5~8克即可，根据嗜酸程度调节。

三、酸辣粉料配方

原料	生产配方/kg	原料	生产配方/kg
食盐	3.4	五香粉	0.05(50g)
谷氨酸钠	0.6	朝天椒辣椒粉	0.05(50g)
I+G	0.03(30g)	红葱香料	0.02(20g)
热反应牛肉香料	0.3	干贝素	0.05(50g)
白砂糖	0.1	黑胡椒粉	0.2
鸡肉粉	0.2	秘制香辛料	0.1
汉源大红袍花椒粉	0.1		

　　每200克酸辣粉使用3~6克即可。主要肉味风味来源于热反应牛肉香料、红葱香料、黑胡椒粉、秘制香辛料，原料的好坏是调味之关键。

第八十八节　麻辣米线生产技术

一、麻辣米线酱料配方

原料	生产配方/kg	原料	生产配方/kg
食用油	8.5	脱皮白芝麻	0.1
精炼牛油	1.5	辣椒红色素	0.1
朝天椒辣椒粉	1.8	花椒油	0.03(30g)
木姜子油	0.2	1%辣椒精	0.02(20g)
一级酱油	1	泡辣椒	2
豆豉	1	卤制过后的肉类	18
牛肉碎末	1.3	冬菜	2
大红袍花椒粉	0.2		

每200克米线使用30克即可。

二、麻辣米线粉料配方

原料	生产配方/kg	原料	生产配方/kg
食盐	48	鸡肉粉	1
谷氨酸钠	14	I+G	0.7
白砂糖	5	木姜子粉	2
缓释肉粉	2	酵母味素	5
朝天椒辣椒粉	6	秘制香辛料	0.2

每200克米线使用3~6克即可。主要肉味风味来源于缓释肉粉、鸡肉粉,原料的好坏是调味之关键。

第八十九节 麻辣干制面制品生产技术

原料	生产配方/kg	原料	生产配方/kg
食盐	90	强化厚味鸡肉粉	3
谷氨酸钠	26	热反应鸡肉粉	15
I + G	0.55	葱白粉	15
辣椒粉 （朝天椒:二荆条: 子弹头 = 1:1:2）	80	增鲜配料	2
青花椒粉	20	增香香料	2
甜味配料	2.5	甜味香辛料	0.5
麻辣油	0.5	专用复合香辛料	1.3
清香型青花椒树脂精油	1		

典型的肉香,飘香明显,具有出色的麻辣特征风味,这主要来源于麻辣油中的香料、清香型青花椒树脂精油、强化厚味鸡肉粉、热反应鸡肉粉复合,达到消费者的需求。这样的风味在很多地区被消费者接受,这也成为麻辣面制品在一定程度畅销的原因。

第九十节 麻辣膨化米饼生产技术

原料	生产配方/kg	原料	生产配方/kg
食盐	7.8	芥末粉	0.4
青花椒粉	0.4	酱香鸡肉香料	0.06(60g)
白砂糖粉	8	烤肉粉	2
谷氨酸钠粉	9	花生液体香料	0.2
I + G	0.3	烤鸡肉粉	2
干贝素	0.1	黑胡椒粉	0.8
酸味配料	0.3	增鲜配料	0.2
蒜粉	3	葡萄糖	25
麦芽糊精	2	1%辣椒精	0.05(50g)

原料	生产配方/kg	原料	生产配方/kg
姜粉	0.15	10色价辣椒红色素	0.06(60g)
辣椒粉 (朝天椒:子弹头 = 1:1)	6.9	清香型青花椒树脂精油	0.08(80g)

　　具有经典麻辣味道,持久的肉味,是使用多年的经典配方。

第九十一节　麻辣鸭脖生产技术

原料	生产配方/kg	原料	生产配方/kg
鸭脖	20	强化厚味鸭肉粉	0.2
谷氨酸钠	0.05(50g)	鸭肉增香料	0.005(5g)
鲜辣椒提取物	0.03(30g)	洋葱	0.2
辣椒辣味提取物	0.02(20g)	花椒油树脂	0.05(50g)
I+G	0.001(1g)	甘草粉	0.06(60g)
耐高温增鲜香料	0.12	老姜	0.1
辣椒籽油	0.02(20g)	小茴香粉	0.06(60g)
五香粉	0.04(40g)	增鲜配料	0.2
食盐	0.4	酱油	0.6
植物油	0.2	辣椒粉 (朝天椒:二荆条 = 1:1)	0.6
料酒	0.12	大红袍花椒粉	0.12

　　辣味突出,是提升鸭脖口感和鸭肉风味的调配典范。这一经典麻辣配方可研发出麻辣、烤香、醇香、椒香、烧烤香、青辣椒香的鸭脖子系列麻辣休闲食品。